装备科技译著出版基金

基于统计的航天器
可靠性和多态故障分析

Spacecraft Reliability and
Multi-State Failures
A Statistical Approach

［美］约瑟夫·霍默·萨利赫（Joseph Homer Saleh）
［美］让–弗朗索瓦·卡斯泰（Jean-François Castet） 著

张建国　彭文胜　主译
谭春林　赖小明　主审

国防工业出版社
·北京·

著作权合同登记　图字:军-2018-004 号

图书在版编目(CIP)数据

基于统计的航天器可靠性和多态故障分析/(美)
约瑟夫·霍默·萨利赫 (Joseph Homer Saleh),(美)让-
弗朗索瓦·卡斯泰(Jean-François Castet)著;张建国,
彭文胜主译. —北京：国防工业出版社,2021.1
书名原文：Spacecraft Reliability and Multi-
State Failures：A Statistical Approach
ISBN 978-7-118-12144-5

Ⅰ.①基… Ⅱ.①约… ②让… ③张… ④彭… Ⅲ.
①航天器可靠性-统计分析 Ⅳ.①V417

中国版本图书馆 CIP 数据核字(2020)第 256252 号

原书书名：Spacecraft Reliability and Multi-State Failures：A Statistical Approach
by JOSEPH HOMER SALEH,JEAN-FRANÇOIS CASTET.
原书书号：ISBN 978-0-470-68791-8(cloth)

※

国防工业出版社出版发行
(北京市海淀区紫竹院南路 23 号　邮政编码 100048)
三河市腾飞印务有限公司印刷
新华书店经售

*

开本 710×1000　1/16　印张 12¼　字数 214 千字
2021 年 1 月第 1 版第 1 次印刷　印数 1—1500 册　定价 138.00 元

(本书如有印装错误,我社负责调换)

国防书店:(010)88540777　　　书店传真:(010)88540776
发行业务:(010)88540717　　　发行传真:(010)88540762

译　者　序

随着航天技术的不断发展,航天器的可靠性要求也越来越高。航天器可靠性分析是一门多学科交叉的理论方法,涉及统计科学、故障分析、空间环境科学等。目前,基于统计方法的航天器可靠性分析技术也在朝着精细化、准确化的方向发展。Joseph 教授和 Jean 教授合著的这本《基于统计的航天器可靠性和多态故障分析》,从统计方法的角度,以大量航天工程中的统计数据为基础,对航天器的可靠性进行建模和分析,并且根据航天器各个子系统的特点进行了多状态的故障统计分析。本书阐述了航天器可靠性工程的意义,根据 1990 年 1 月到 2008 年 10 月间世界各国成功发射的航天器在轨故障数据,对航天器进行可靠性非参数统计分析和基于统计模型的分析。在此基础上,根据航天器各个子系统的故障特点,进行了参数和非参数的多态故障统计分析,得到了各个子系统的可靠性结果。本书还对空间航天器新系统进行了弹性建模分析,给出了经典的航天器应用案例。

我国航天器研制技术和水平正在迅速发展和提高。北京航空航天大学可靠性与系统工程学院一直致力于航空航天可靠性的理论研究工作,在航天器可靠性领域积累了大量的经验;本次联合中国空间技术研究院总体设计部共同对该专著进行翻译,以满足国内航天器相关领域的师生和技术人员、航天器设计研制和管理人员的需求。相信本书的翻译出版对于国内正在蓬勃发展的航天事业能起到很好的指导和借鉴作用。

本书的翻译出版得到了装备科技译著出版基金的资助,由张建国和彭文胜主译,谭春林和赖小明主审。本书共分为 8 章,其中张建国负责第 1、2 章的翻译,彭文胜负责第 3~8 章以及附录部分的翻译。参加翻译工作的还有研究生张雷、周霜、邱涛、魏娟。由于译者水平所限,不当和疏漏之处在所难免,敬请读者不吝指正。

译者

2020 年 9 月

目 录

第1章　关于时间、可靠性与航天器①

1.1　关于时间和可靠性

Tempus edax rerum(时间,万物的吞噬者),这是罗马诗人奥维德(Ovid)发出的感叹,反映了与永恒的时间相比,人类所有状态都是短暂的。但对于工程师而言,这句话却有着不是那么深远但是一样值得思考的意义:产品随着时间流逝而发生失效。工程系统和工业制品随时间发生退化甚至失效,这也正是他们所要开展的工作,这个与时间相关的特定的领域就是可靠性工程研究的领域。

1.1.1　可靠性:从专业术语到工程准则

可靠性多年以来作为评价人与事物美好与高品质的属性,受到工程界越来越多的关注(Saleh 和 Marais,2006)。《牛津英语词典》中定义可靠性为"可靠的,可以依赖的属性,这个属性中包含了可靠的或可以信任的;值得信任,安全和确信"。尽管在英语中很多词汇或表达的形成都和莎士比亚相关,但是我们更应该把"reliability"这个词汇归功于另外一个英国诗人,即和 William Wordsworth 一起发起了英语浪漫运动的先驱者——Samuel T. Coleridge(1772—1834)。"reliability"这个词汇最早可追溯到 1816 年,在 Coleridge 赞美他的朋友 Robert Southey 的一首诗中。该诗如下(Coleridge,1983):

他没有使那些不遵守规则的人身上承受着那些小痛苦和不适,并且也没有在总体上经常成为享受幸福和发挥效用的巨大障碍;相反,他给予了所有的快乐,并使他和他周围相关的人放松情绪,且(一言以蔽之)绝对可靠。

从 1816 年开始只是适度的、甚至是辩证的使用,可靠性已经变成一个无所不在的属性和象征——以其定性和定量的含义——渗透到当代科学技术领域的各个方面。

---

① 本章内容是作者和 Karen B. Marais 合作一起完成,部分内容已经发表在 *Reliability Engineering and System Safety*(Saleh,Marais,2006)

AGREE 在 1957 年 6 月 4 日的报告中权威宣告了可靠性工程的正式诞生。该报告提出所有美国军用服务设备必须对可靠性做出明确规定、分配和鉴定等。这就意味着可靠性工程准则的实际确定。

(Coppola,1984)

AGREE 由美国国防部和美国电子工业部门于 1952 年联合成立,其主要任务有:

(1) 推荐能够提高设备可靠性的度量方法;

(2) 帮助在政府部门和民间组织中推广与应用可靠性的程序;

(3) 推广提高可靠性教育工作(Coppola,1984)。

1957 年,AGREE 的报告宣告了可靠性工程的诞生,那么其工程准则是如何形成的呢?

1.1.2 可靠性工程的简要历史:诞生和发展

在可靠性工程中,概率论和统计学是两个必不可少的要素。这些要素构成了可靠性的量化分析基础,同时也衍生了很多其他的可靠性工程准则。追根溯源,概率论的初步理论初见于法国人布莱斯·帕斯卡(Blaise Pascal)和皮埃尔·费马(Pierre de Fermat)在 1654 年的往来书信中。在那些往来书信中,费马向帕斯卡提出了关于赌博游戏的问题,并且他们从不同的角度给出了相应的解法(Apostol,1969)。该理论一直局限于赌博的概率问题,直到 1812 年,拉普拉斯提出了一系列的新技巧——主要是概率分析的拓展应用——这也使得概率论和统计学在实际中得到了广泛的应用和拓宽(如人口统计、寿命保障等)。

除了概率论和统计学促使可靠性工程能够发展外,大规模生产的实践也是促使可靠性工程快速发展的另一必不可少的要素。大量标准件的生产制造带来了大规模生产。对产品质量的关注可追溯到人类创造手工艺品的时候(Duncan,1974):

早在中世纪,行业互助协会就坚持对学徒工进行相当长时间的训练。这其实就是提高生产质量准则的一部分。

对于技艺的加强,虽然是为了在设计阶段关注产品质量,但是仅限于单个或者少量的手工艺品,并不适用于大规模产品的生产。而批量生产的发展也对产品质量的监控和管理提出了更高的要求,急需制定新的准则来处理质量问题。为了应对批量生产模式的质量问题压力,20 世纪 20 年代末 30 年代初,贝尔实验室的 Walter Shewhart(1891—1967)首先提出了"统计质量控制"(statistical quality control)概念,到 50 年代中期,出现了可靠性工程。

大批量生产制造模式一般可以与美国汽车制造大亨 Henry Ford 和他经典的 Model T 型汽车相联系。尽管 Ford 在 1910 年前后普及了大规模生产的概念并且将其规范化,但是大批量生产的理念在很多年以前就已经出现了,例如在美国内战期间,Springfied Armory 在 1863 年一年就要为北方联军生产超过 30 万支来福枪,这个生产规模和巅峰时期的福特公司一年生产的 T 型汽车的数量差不多。大批量生产的根源来自"美国式生产系统"的关键理念,该生产系统提出在生产过程中尽可能利用标准件或者是可互换件来代替传统的零部件。18 世纪 90 年代末,美国工程师 Eli Whitney 进一步发展了该理念,尽管后来发现关于可互换件的理念更加可信的来源是法国枪械师 Honoréle Blanc 于 18 世纪中期最先提出来(但是并没有得到推广,这是因为其他的枪械师认为该理念是对人类生存的一种威胁,极力反对这种理念)。

第二次世界大战爆发,随着统计学理论尤其是抽样理论和大批量生产的完善,可靠性工程逐步变得成熟。在此期间,一类重要的电子元器件——真空管(于 1906 年由美国人 Lee de Forest 发明)的出现,尤其是二极管和三极管的大量应用,更是大大促进了可靠性工程的发展。真空管广泛的工程应用引发了一场电子革命,促进了其在如收音机、电视机、雷达以及其他的设备中的应用。电子器件在第二次世界大战中扮演了重要角色,并且帮助盟军赢得了这一场"魔鬼般的战争":

> 真空管使得这场"魔鬼般的战争"胜利成为可能,同时也是设备发生故障的主要原因。真空管的更换频率甚至达到了所有其他设备更换频率的 5 倍以上。

(Coppola,1984)

正是真空管的大规模应用促使了美国国防部在战后决定对这些电子器件的故障进行一系列的研究,这些研究工作最终被视为是可靠性工程准则诞生的基础。简而言之,真空管在使用过程中的不可靠是可靠性工程准则发展的催化剂。

一直到 20 世纪 50 年代末,可靠性工程才被重视和认定,其属性和内涵也发生了改变。因为对于 Walter Shewhart 的《统计质量控制》(Statistical Quality Control)专著,美国制造工程师以其根深蒂固的观点作为回应,即在科学的生产方法中,机会主义并没有合适的地位和空间(Duncan,1974;引自 Freeman,1936)。当然,这个观点也在生产设计过程中逐渐被基于统计和概率的方法取代了。

作为对 Ovid 在 TIME 上言论的回应,同时也为了强调可靠性工程的基础理念,需经对这一学科的建立做出贡献的 C. Raymond Knight(1918—),在 1991 年作出论述:

> 现在看起来的话可能觉得奇怪,但是在那个时候(20 世纪 50 年代),确实存

在相当的阻力去认同故障时间的随机属性,而这个属性恰恰就是可靠性的内涵①。

（Raymond Knight,1991）

这个准则建立后,可靠性工程开始朝各个不同的方向发展。一方面基于统计学手段的可靠性数学理论不断深入;另一方面向研究失效的机理以及后来发展起来的结构可靠性理论发展。结构可靠性理论主要包括建筑结构、桥梁结构以及其他结构的可靠性分析评价(Denson,1998)。此外,可靠性增长的相关工作和程序也开始出现,可靠性定量要求的具体化标志着可靠性理论标准化、体系化的开始。

可靠性工程也开始与其他主要学科交叉融合发展,尤其是在航天工程领域。历史的机缘巧合,可靠性工程的官方诞生及以第一次航天发射为标志的航天时代的开启发生在同一年,即 1957 年。本书以这两个学科的交叉作为契机,将可靠性理论应用到航天领域中。

1.2　航天器和可靠性:早期的研究实践

1957 年 10 月 4 日,第一颗人造小卫星发射升空,开启了人类探索太空的时代。由此开始,航天工业也迅速发展,经过 60 多年的发展,航天工业已经成为超过 1000 亿美元规模的产业。粗略统计,在第一颗人造地球卫星发射升空后,到目前为止,近 6500 个航天器发射升空。尽管发射的频率高度分散(Hiriart 和 Saleh,2010),但是粗略统计,平均一年有 80~100 个航天器发射。现代航天器拥有大量的功能,从执行防御和智能任务(如预警、侦察等)到科学任务(地球观测、行星探测)和通信功能(基于家庭服务的固定卫星服务和移动卫星服务)。

航天器从设计到发射全过程花费数亿美元②,因此,保证这些系统的可靠性是至关重要的。也就是说,对于在极端环境或严酷环境运行的高造价的系统而言(如航天器和深海探测器),可靠性是其设计过程中的一个关键属性。因为通过物理手段进入这些设备非常困难或者是完全不可能,不能通过在线维修来补偿可靠性(Rausand 和 Hфyland,2004)。因此,在设计阶段保证产品的高可靠性

---

①　现阶段,可靠性更为规范的定义为事物在规定的时间内以规定的性能状态完成规定任务的概率。

②　这里的航天器不包括微小卫星,一般微小卫星的花费在 1000 万~5000 万美元之间,并且现在所做的工作是不断降低其费用,也就是说在目前发射费用以内,能不能保证微小卫星完成在轨性能服务。

成为一项必要的工程准则和经济准则。

对于航天系统而言,对飞行数据尤其是真实的在轨故障数据进行统计分析,能够给航天器设计方提供非常重要的反馈。这些分析有助于制定航天器的测试程序,同时为航天器子系统的冗余设计及可靠性的增长计划提供重要的经验。对航天器进行在轨故障行为分析,并且确认其各个子系统的实际可靠性特征而不是它们的可靠性要求(它们在在轨服役环境中是如何性能退化直至失效的,而不是期望它们应该达到什么样的水平),能够帮助航天器的制造商在制造过程中分清优先级,同时对易发生故障的子系统或零部件进行强化以达到可靠性增长的目的。可靠性增长也可以通过冗余设计,对发射过程优先测试,或者是通过关键零部件的优良设计和器件的优选达到。所有的这些工作均可降低航天器在轨工作过程中故障事件的发生概率。此外,还需要确认航天器子系统是否经历了"早期故障",可以给航天器制造商或设备供应商提供明确信息以减少故障的发生。

航天器在轨故障统计和可靠性分析,也可以给航天器使用方提供非常实际的重要信息。例如,由于任务计划和风险控制的原因,卫星使用者可能非常关注卫星在轨的可靠性特征评估。同样他们在制定其发射任务和保险基金计划时,也会非常重视这类信息和数据。

早在航天时代开启的时候,相关机构就已经认识到了航天器在轨故障数据统计分析的重要性。下面将对过去航天器可靠性研究工作做简要的综述。

1.2.1 早期航天器可靠性和在轨故障研究综述

航天器的可靠性和在轨故障统计分析工作是在第一颗人造地球卫星发射升空几年之后开始的。

早期关于航天器的可靠性标志性研究工作之一发表在 1962 年(Leventhal 等,1969)。该研究工作分析了在 1961 年 10 月之前发射的 16 颗卫星的故障行为(ARINC,1962)。几年以后,更多的针对在轨卫星样本的类似工作得以开展。例如,Bean 和 Bloomquist(1968)分析了 225 颗卫星的故障行为,Timmins 和 Heuser(1971)和 Timmins(1974,1975)分析了 57 颗卫星的故障行为。Hecht 和 Hecht(1985),Hecht 和 Fiorentino(1987)分析了将近 300 颗卫星的故障行为。本书针对在 1990 年 1 月至 2008 年 10 月之间发射的 1584 颗地球在轨卫星,分析了其所有的故障或者异常行为。样本量的选择和样本量对统计结果的影响及相关的内容将在第 2 章进行叙述。

早期航天器可靠性研究均假设航天器的可靠性服从指数分布,并且其故障率是一个常数。然而,Timmins 和 Heuser(1971)对该假设提出质疑,因为他们从 NASA 的 Goddard 空间飞行中心的 57 个已经发射的航天器样本研究发现,他们的故障率并不是常数,而是在轨服役的前几天会明显高一些。

　　每个航天器发生故障的频率在发射升空后的前30天内会明显高很多,并且第一天发生故障并脱轨的概率有增大的趋势。

　　在后续的研究中,航天器"早期故障失效"和故障率下降反复出现(Timmins,1974;1975),Baker和Baker(1980)对这种现象评论道:"那些航天器不断持续工作,反复持续"也激发了当时研究工作者对航天器可靠性和故障分析的兴趣。

　　Hecht和Hecht(1985)分析了与之前研究(57个NASA航天器)不同样本量下航天器的研究工作,其样本包括1960—1984年发射的300个航天器,同时还包含了96套航天程序。这些研究工作发现了一类现象:样本中航天器的故障率呈下降趋势。因此,他们对军用可靠性手册(MIL-HDBK-217)中提出的恒定故障率模型提出了质疑和反对,认为该故障率模型不能准确预测系统的可靠性。MIL-HDBK-217于1961年编订完毕,后续又修订了多版。类似的结论也被Krasich(1995)和Sperber(1990,1994)提出来,他们基于前期的研究得到了一个定性的结论,即"随着任务的持续,航天器的生存风险是下降的"。

　　对于航天器故障率下降这个实际表现出来的结果,一些研究提出假设条件。例如,Norris和Timmins(1976)指出:"对于故障率呈下降趋势的一个可能的原因是提供这些故障数据的样本中包含的零组件类型太多,因此在早期高风险的零件发生故障后,剩下的零件发生故障的概率就低了。"Baker和Baker(1980)提出空间环境是故障率下降的原因之一,并指出:"对于航天器而言,空间本身并不是一个很严酷的环境,如果是的话,那么故障率将会增加,并且累积暴露的突发故障将以时间函数的形式增加。"Hecht和Fiorentino(1987)对现有的故障率下降的现象进行了讨论:

　　就航天器的可靠性而言,即设备在在轨环境应力下经过m年的运行并不能排除设备在第$m+1$年会因为承受更严酷的环境应力而导致故障现象的发生。然而,只是说随着运行时间增加,遇到更加严酷的环境应力的可能性会下降,从而导致故障率下降。

　　当然,这些关于航天器早期故障率产生原因的讨论,其实际水平也是值得商榷的。

1.2.2　除故障率以外的航天器可靠性研究

　　Sperber(1994)指出:"引起航天器在轨运行故障的原因并不是随机的过应力或是超期运行,而可能是设计中的缺陷或者任务执行过程中没有覆盖的缺陷。"他的该论断与早先Bean和Bloomquist(1968)的研究成果相吻合,根据他们的样本对象,1968年之前发射的225个航天器,得到的结论是"航天器在运行过程中异常,其常见原因是设计不合理,在所有具有确定原因的故障事件中占了近60%"。

近期的研究更多地关注航天器特定的某个子系统的故障分析。例如:Cho(2005)和 Landis 等(2006)重点研究了航天器的能源子系统的故障行为;Brandhorst 和 Rodiek(2008)研究了太阳能电池阵的故障;Roberston 和 Stoneking(2003)研究了控制系统的故障属性。Sperber(2002)和 Tafazoli(2009)不仅针对航天器单个子系统进行了故障分析,还对航天器各个子系统的在轨故障行为进行了对比分析;Bedingfield 等(1996)却是以航天器所在的空间自然环境而不是航天器子系统本身的角度去分析航天器的故障。

1.3　本书的组织结构

第2章主要进行了航天器故障数据的统计分析,并且得到了航天器非参数可靠性统计结果。

第3章对航天器可靠性进行了参数分析,并且利用极大似然估计法得到了单威布尔(Weibull)分布模型和混合分布模型。

第4章首先根据航天器的质量等级和轨道类型对航天器的故障数据进行了预先分析,然后对这些不同类型的航天器进行了非参数可靠性分析和参数可靠性模型建立。

第5章将航天器的故障统计分析扩展到航天器的子系统。也就是说,分析对象从系统级到子系统级别,包括航天器各个子系统的故障数据统计,以及参数和非参数的可靠性模型与分析结果。

第6章是本书内容的一个转折点。由于在之前的章节中,在处理航天器及其子系统的可靠性问题时只考虑了正常运行和故障两个状态,然而在工程实际中,航天器从正常运行状态到完全失效状态过程中会经历多个不同的性能退化状态或航天器局部退化状态,因此将前面章节中研究的基于两态性的可靠性分析拓展到了多个状态的可靠性分析。部分故障包含了航天器在轨运行过程中明确的异常事件,同时这些部分故障事件也为理解航天器及其子系统的在轨故障行为提供了额外重要的信息。可以认为第6章是对航天器在轨故障数据分布类型和航天器子系统的故障时间的一个探索性分析,这一章也是之前章节中研究的航天器两态性可靠性分析到后面章节中正式的多态可靠性分析的一个过渡章节。

第7章给出了航天器及其子系统规范的多态可靠性分析。第8章将之前的分析工作拓展到了包含航天器和基于空间网络的航天器系统的生存性分析。同时介绍了对随机过程进行建模和分析的一个重要工具——随机 Petri 网(SPN)，同时将 SPN 模型应用到航天器的生存性分析中。此外，还对第 7 章中提出的航天器子系统的多状态故障行为建立了具体的 SPN 模型。

本书中每一章的分析和结果都是对前一章分析的扩展。因此，本书章节间的相互引用非常频繁。为了增强本书的易读性，每一章节中的必要材料会重复应用，因此，读者们想快速阅读全书的话可以跳过或者快速略过这些重复的部分。

本书结尾有两个附录，都是支撑本书章节研究主题的。附录 A 主要内容是单个地球同步轨道(GEO)通信卫星。这些卫星代表着航天工业中的一类重要的卫星类型，在此附录中提供了具体的可靠性分析内容。另外，通过对航天器的每个子系统的在轨异常行为和故障的跟踪记录得到了航天器的健康记分卡。附录 B 的内容是航天器面板的电力源子系统(EPS)，分析了 EPS 在低地球轨道(LEO)和同步地球轨道(GEO)下故障行为的异同点。

第 2 章　航天器故障数据的非参数可靠性分析[①]

2.1　引　　言

对于在极端或难以维修环境下运行的系统,如人造地球卫星或深海探测装备等,其可靠性是一个关键的设计因素。这些系统造价昂贵,并且外部设备很难甚至无法接近这些系统,因此,当这些系统未达到可靠性要求时很难通过维修手段进行弥补(Rausand 和 Hφyland,2004)。在进行系统设计过程中,确保其高可靠性是一项关键工程和势在必行的经济性措施。对于航天系统,通过对其飞行数据尤其是在正常轨道(领域)上运行的故障或异常数据进行统计分析,可以为航天器的设计者提供具体的使用反馈。例如,这些统计分析可以帮助指导卫星系统的测试和程序的筛选,同时可以为子系统冗余设计和可靠性增长计划提供经验。

本章通过大量数据收集来进行航天器故障数据的统计分析,并得到航天器的非参数可靠性分析结果。卫星有多可靠? 或者这些卫星已经达到什么可靠程度? 如何分析这些在正常轨道运行的故障数据,并由此得到卫星的非参数可靠性分析结果及其范围或置信区间? 某卫星是否表现出先天的缺陷或其他故障? 以上一系列问题将在本章进行讨论。

在讨论这些问题之前,需要作出说明的是,由于行业竞争的敏感性,导致公开发表数据的缺乏以及卫星在正常轨道运行的可靠性统计分析的缺乏,因此本章很有必要得出一个公认的论据和结论。该论据也许对卫星制造者有用,然而卫星使用者、个人或政府机关刚开始并不关心这些,但通过对航天器进行明确的可靠性分析能使他们的利益受到更好的保障。从长远来看,通过对航天器的可靠性分析并将分析结果公开发表可使卫星制造者也受益。卫星制造者可用此类研究作为简单明了的基准来对比和提高其产品的可靠性。在本章和接下来的几章中将提供一个此类的研究例子,可以为卫星制造者在设计他们的测试和可靠性增长程序时构建基本原理和目标。

[①]　本章内容是根据作者发表在 *Journal of Spacecraft and Rockets*(Castet and Saleh,2009a)上的一篇文章整理而成。

本章剩余部分内容的安排:2.2 节列举了本研究所用数据库及其描述方法;2.3 节探讨了卫星故障数据的非参数可靠性分析;2.4 节进行了置信区间的分析;2.5 节讨论了研究结果及其局限性。本章最后以附录的形式提供了包含 Kaplan-Meier 可靠性结果及其置信区间表格。

2.2　数据库和数据描述

本书采用了 Trak 空间数据库的数据,Trak 空间数据库的数据被世界上许多卫星发射服务供应商、卫星保险公司、卫星使用者及卫星制造者采用。该数据库提供了自 1957 年以来发射的所有卫星在正常轨道运行时的故障和异常信息。需要指出的是:由于一些卫星军事或情报机关并没有将其卫星的故障信息记录到该数据库中,因此从统计的观点来说该数据库不是完善的。同样,也许卫星使用者没有记录到所有的局部故障,尤其是那些可以同时采取措施及时恢复的故障,所以该数据库在异常和局部故障统计方面也是不够完善的。即便如此,该数据库在航天工业上被认为是权威的,其包含了超过 6400 个航天器的故障和异常数据。本研究工作的统计分析源自且仅限于该数据库记录的故障和异常信息。

本章分析的样本由 1584 个航天器组成。这些样本仅限于从 1990 年 1 月到 2008 年 10 月成功发射的人造地球卫星。在该数据库中将导致航天器完全报废的故障归结为 I 类故障,也就是说,一次完全故障将失去该航天器;本章内容将用到 I 类故障。另外,第 5 章中将会进行详细分析的 11 个航天器子系统也在该数据库中进行了分类和确定。如果能够找到 I 类故障的发生原因并追溯到相应的子系统,这些"肇事"子系统在该数据库中都做相应的标记。当不能识别导致航天器发生故障的"肇事"系统时,在该数据库中将该类故障归于"未知"类。这种类别的故障用来分析每个子系统对整个航天器失效的相对贡献(第 5 章进行了详细分析)。

对于样本中的每个航天器,收集了如下信息:

① 发射时间;

② 故障时间(如有发生故障);

③ 引起航天器发生故障并被识别出的子系统,将其相应地称为"肇事"系统;

④ 截尾时间,如果没有发生故障。最后部分将在接下来的小节中进一步解释,后面的章节中还将讨论截尾数据和 Kaplan-Meier 估计方法。用于分析的数据收集模板及样本数据如表 2.1 所列。

表 2.1　航天器可靠性统计分析的数据采集模板和
样本数据(航天器没有排名,按时间先后顺序排列)

样本号	发射时间	故障数据 (发生故障)	肇事系统	截尾时间 (没有发生故障)
航天器 1	1998 年 10 月 6 日	1998 年 11 月 15 日	TTC①	—
航天器 2	2002 年 3 月 1 日	—		2008 年 10 月 2 日
⋮	⋮	⋮	⋮	⋮
航天器 1584	2004 年 4 月 6 日	2006 年 3 月 28 日	机构	
①遥感、跟踪和控制				

2.3　航天器故障数据的非参数分析

2.3.1　完整数据集与截尾数据集

当对一个项目集进行统计分析时,其寿命数据是"不完整的"就会发生截尾。这种情况通常发生在复杂环境下(如医药和环境工程),也可以由于研究样本中的某些项目在故障发生前去除或者在所有项目失效前其测试或观察窗口已关闭而发生这种情况。与之相对的是,当一个寿命数据集包含样本中所有项目在整个实际观察中的失效数据时称为"完整的",也就是在该数据中没有发生截尾。截尾在统计分析中会引起特殊的困难,如果不对其进行解释和处理,将导致分析结果的明显误差。因此,需要不同的统计技术来处理相应的截尾方法。两种广泛应用的截尾是右截尾和左截尾。右截尾是指知道一个部件的启用时间,或已知其在何时开始使用,但未观察到其故障发生时间。左截尾不知道一个部件的启用时间。右截尾类型如下:

(1) 第 1 类截尾:满足记录到达预定的时间 t_{end}(观察窗口持续时间)之前发生故障时间的情形。

(2) 第 2 类截尾:满足记录到达预定故障次数 k 之前发生故障时间的情形。

(3) 第 3 类截尾:是综合第 1 类和第 2 类截尾来考虑的,对于 $t > t_{end}$ 或故障次数达到 k,有任一种情况发生就停止记录。

(4) 第 4 类截尾:也将其归类为随机截尾,其满足故障时间和截尾时间都随机的情形。

关于此问题更多、更详细的分析可以参阅此研究领域的高水平专著。

接下来的讨论将集中在本书研究和特殊条件设定中的截尾情况。本书中分析的样本是错列启动时间的右截尾(随机截尾)样本。其含义是:①样本中的部件是在随机时间点启用的(如各个卫星是在不同的日程发射的),但样本中所有部件的启用时间都知道;②故障的日期及截尾都是随机的;③也可能是因为在故障发生前样本中的某个部件(卫星)已经退役或者在监测窗口关闭时(2008年10月)该卫星仍在正常运行的情况。这种情况在图2.1中进行了解释。

错列的启动时间通过转换所有启用时间 $t=0$ 来解决,通过改变方法,对于图2.1中的横坐标,从某个日历时间到某个时间点来分析卫星的可靠性。因此,卫星的可靠性研究等效成一个满足顺利发射到轨道的时间函数。

数据的截尾需要特别注意:从截尾的寿命数据中得到可靠性函数是非常重要的工作,如果函数的结果没有偏差,那么从截尾数据中得到的可靠性函数非常正确且非常有用。因为 Kaplan-Meier 估计方法(Kaplan 和 Meier,1958)非常适合处理样本中截尾的情形。

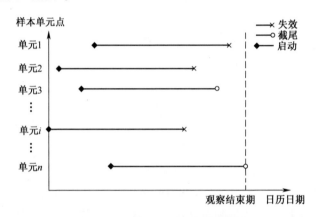

图2.1　错列启动时间的截尾数据

因此,本书中用 Kaplan-Meier 估计方法对截尾数据进行数学处理。本章接下来的部分将讨论 Kaplan-Meier 可靠性估计方法对右截尾数据(第4类截尾)处理的情形,然后研究如何从完整的数据集中得到经验可靠性函数。

2.3.2　从完整的数据集中得到经验可靠性函数

这里考虑 n 个部件在试验的开始被启用,然后让所有部件运行至都发生故障,假设

$$t_{(1)} < t_{(2)} < t_{(3)} < \cdots < t_{(n-1)} < t_{(n)} \tag{2.1}$$

将所有的部件根据故障的发生时间按从小到大的顺序排列。假设部件的寿命是相互独立并相同分布的,且在数据集中没有结,即没有任何两个部件的故障发生时间完全一致(后面将会讨论有结的情况)。从该完整数据集中得到的经

验可靠性函数为 $R_n(t)$，其等于 t 时刻还在运行的部件数除以最初启用的部件数 n，即

$$R_n(t) = \frac{t \text{ 时刻还在运行的部件数}}{n} \qquad (2.2)$$

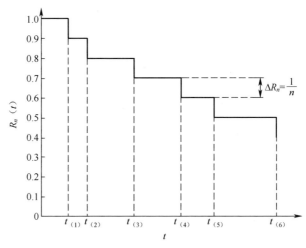

图 2.2　用 n 个单元的完整数据集(不含有结)对经验可靠性函数进行分析

对于 $R_n(t)$ 可以得到以下结论：

(1) 当 $t<t_{(1)}$ 时，没有发生故障，故 $R_n(t)=1$。

(2) 当 $t_{(1)} \leqslant t < t_{(2)}$ 时，只有一个部件发生了故障，而其余 $n-1$ 个部件在此时间范围内依然正常运行，由此可得

$$R_n(t) = \frac{n-1}{n} = 1 - \frac{1}{n} \text{。}$$

(3) 当 $t_{(2)} \leqslant t < t_{(3)}$ 时，有两个部件发生了故障，而其余 $n-2$ 个部件在此时间范围内依然正常运行，由此可得

$$R_n(t) = \frac{n-2}{n} = 1 - \frac{2}{n} \text{。}$$

以此类推可得到一般性的结果：

(4) 当 $t_{(i)} \leqslant t < t_{(i+1)}$ 时，有 i 个部件发生了故障，而其余 $n-i$ 个部件在此时间范围内依然正常运行，由此可得

$$R_n(t) = 1 - \frac{i}{n} \text{。}$$

(5) 当 $t>t_{(n)}$ 时，所有的部件都发生了故障，故 $R_n(t)=0$。

总结可知，由 n 个部件组成的完整数据集所得经验可靠性函数为

$$R_n(t) = \begin{cases} 1 & ,t < t_{(1)} \\ 1 - \dfrac{i}{n} & ,t_{(i)} \leq t < t_{(i+1)} \quad (\text{对于所有的 } i \text{ 都满足}, 1 \leq i < n) \\ 0 & ,t > t_{(n)} \end{cases}$$

$$(2.3)$$

因此,$R_n(t)$ 是一个在观察到各部件故障时间点的离散阶梯函数,且是按每次减少 $1/n$ 递减的。如图 2.2 所示,是一个经验可靠性函数的示例。

当数据集中出现了结,也就是在 $t_{(j)}$ 时刻同时有 m_j 个部件出现了故障时,只需对式(2.3)稍做改变即可(Rausand 和 Høyland,2004)。式(2.2)仍然作为经验可靠性函数的基本计算公式,当没有结时 $R_n(t)$ 的离散因子是 $1/n$,当有结时 $t_{(j)}$ 时刻的离散因子为 m_j/n。

2.3.3 Kaplan-Meier 估计方法

在现有的统计学文献中,Kaplan-Meier 估计有不同的表示方法。本节接下来简要介绍该估计方法,其中所有涉及的标记和符号所表示的意义都和前面所讨论的一样。

此处考虑试验开始有 n 个部件运行,当发生了 m 次故障($m<n$)时进行截尾处理。并且到目前为止,假设故障时间与截尾之间没有结。与之前一样,将故障发生时间按从小到大的顺序排列

$$t_{(1)} < t_{(2)} < t_{(3)} < \cdots < t_{(m)} \tag{2.4}$$

与完整数据集的差别是试验中一些部件可能在两个连续故障时间点之间已被移除,时间指数 $t_{(i)}$ 不再和式(2.1)和式(2.3)中的 $t_{(i)}$ 一样表示故障次数。为了更精确地描述这些信息,先引入如下参数

n_i = 在 $t_{(i)}$ 时刻还正常运行的部件数

= $n -$ [在 $t_{(i)}$ 时刻被截尾的部件数] $-$ [在 $t_{(i)}$ 时刻失效的部件数]

$$(2.5)$$

定义

$$\hat{p}_i = \frac{n_i - 1}{n_i} \tag{2.6}$$

Kaplan 和 Meier 研究的一个重要贡献是,指出式(2.6)是时间 $t_{(i)}$ 内生存条件概率的一个估计,其更准确的表示为

$$\hat{p}_i \text{ 是 } P(T_F > t_{(i)} + \delta t \,|\, T_F > t_{(i)}) \text{ 的估计} \tag{2.7}$$

式中:δt 为没有发生截尾和故障的任意小的时间间隔。

Kaplan 和 Meier 的另外一个贡献可以表示为

$$P(T_F > t_{(i)}) = P(T_F > \delta t) \cdot P(T_F > t_{(1)} + \delta t | T_F > t_{(1)}) \cdot$$
$$P(T_F > t_{(2)} + \delta t | T_F > t_{(2)}) \cdots P(T_F > t_{(i)} + \delta t | T_F > t_{(i)})$$
$$(2.8)$$

用式(2.6)的估计值代替式(2.8)右端中各相乘项。需要注意的是,通过 δt 的定义,有 $P(T_F > \delta t) = 1$。可靠性函数可以定义为

$$R(t) \equiv P(T_F > t) \qquad (2.9)$$

因此,可以将式(2.6)和式(2.9)代入式(2.8)得到基于截尾数据的可靠性函数的 Kaplan-Meier 估计为

$$R(t) = \prod_{\text{所有满足} t_{(i)} \leq t \text{的} i} \hat{P}_i = \prod_{\text{所有满足} t_{(i)} \leq t \text{的} i} \frac{n_i - 1}{n_i} \qquad (2.10)$$

由上述公式可以看出,基于截尾数据的可靠性函数是一个在故障时间点的离散阶梯函数。在截尾时间内该可靠性函数没有发生改变。但与完整数据时的情况不一样(式(2.3)和图 2.2),其变化的离散因子不再是 $1/n$,而是随两个连续故障之间截尾部件数的变化而变化(这是式(2.5)的结果,其通过式(2.6)和式(2.10)衍生得到)。

对式(2.10)进行图形化表示,得到可靠性函数的 Kaplan-Meier 图。当数据集完整时,Kaplan-Meier 估计和经验可靠性函数是等价的,也就是式(2.3)和式(2.10)的结果一样。

数据集中的结可用以下的准则进行处理,本节列出两种情况。

(1)如果在一个故障时刻出现一次结,即 $t_{(j)}$ 时刻同时有 m_j 个部件出现了故障,这涉及多个 m 结。因此,式(2.6)可以改写为

$$\hat{p}_i = \frac{n_i - m_i}{n_i} \qquad (2.11)$$

(2)如果截尾时间恰好等于某次故障时间 $t_{(j)}$,由于一个部件在截尾发生后也能运行一段超过 $t_{(j)}$ 的极短时间,针对这种情况,将采用一个公认的惯例,即假设截尾在该故障后立即发生(Ansell 和 Phillips,1994;Meeker 和 Escobar,1998)。

2.3.4　卫星可靠度的 Kaplan-Meier 图

基于以上理论,可以对卫星在轨道上运行数据进行基于数据截尾的可靠性分析。样本中的 1584 颗卫星,一共发生了 98 次故障并进行了 1486 次截尾。其中故障发生时间(按顺序)如表 2.2 所列。

对表 2.2 中数据用式(2.10)的 Kaplan-Meier 估计进行处理,得到卫星可靠度的 Kaplan-Meier 图,如图 2.3 所示。

表2.2 1990年1月至2008年10月所发射卫星发生故障的时间(天)

1	1	1	1	2	3	3	4	4	5	5
7	9	12	15	15	16	16	23	36	51	53
64	68	73	79	89	102	107	123	128	131	167
190	197	221	229	237	252	271	309	314	317	334
364	465	515	696	701	713	722	724	787	1053	1073
1122	1146	1167	1184	1233	1256	1347	1458	1551	1637	1778
1797	1836	1967	2009	2091	2097	2098	2181	2191	2237	2429
2434	2472	2577	2580	2624	2702	2917	2947	2963	3038	3077
3159	3268	3455	3684	3759	4192	4324	4909	5043	5207	

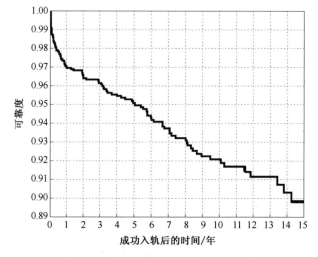

图2.3 卫星可靠度的 Kaplan-Meier 图

从图2.3可以看出,在卫星成功发射之后,其在轨道上运行2年时其可靠度下降至96%左右。其更准确的表示为

$$\hat{R}(t) = 0.964 \quad (1.982 \text{年} \le t < 2.155 \text{年})$$

卫星在轨道上运行6年时,其可靠度下降至94%左右。超过12年后,卫星的可靠度在90%~91%之间。该图的详细数据如表2.A.1所列。注意到这些是真实(服役)的卫星可靠度结果,不是可靠度的标准和规范,其回答了第一个问题"卫星的可靠度达到了多少?"(1990—2008年)。可以从图2.3发现一些趋势,其中最明显的趋势是卫星的可靠度在其使用第一年内急剧下降,表明卫星是在早期故障期。这些趋势将在第3章可靠性的参数分析中得到进一步研究和分析。

16

2.4　置信区间分析

本节将对卫星可靠度在 Kaplan-Meier 估计值附近的置信区间和离散程度进行分析。Kaplan-Meier 估计(式(2.10))虽然提供了可靠度的一个极大似然估计,但没有给出 $\hat{R}(t_i)$ 的离散信息。离散程度可以通过估计的方差或标准方差来表示,再用其导出上、下限。例如,置信度为 95%的置信区间(实际的可靠度有 95%的可能落入上、下限之间,根据 Kaplan-Meier 分析得到极大似然估计)。

Kaplan-Meier 估计的方差可以通过 Greenwood 公式得到:

$$\hat{\mathrm{var}}[R(t_i)] \equiv \sigma^2(t_i) = [\hat{R}(t_i)]^2 \sum_{j \leq i} \frac{m_j}{n_j(n_j - m_j)} \qquad (2.12)$$

对于 Kaplan-Meier 估计,其某个极大似然估计或极限估计具有近似正态性(Rausand 和 Høyland,2004),因此,一个正态近似值的作用是调整 $\hat{R}(t_i)$ 附近构造的置信区间。置信度为 95%的置信区间为

$$R_{95\%}(t_i) = \hat{R}(t_i) \pm 1.96\sigma(t_i) \qquad (2.13)$$

用式(2.12)和式(2.13)的过程中可能会产生许多问题,尽管这些问题没有在所提分析方法中遇到。针对可能发生的问题,一种解决方法是限制 $R_{95\%}(t_i)$ 的值在区间 [0,1] 内。另一种可能的解决方法是由 Kalbfleisch 和 Prentice (1980)提出的,即置信区间可通过估计的转换得到。感兴趣的读者可以通过 Kalbfleisch 和 Prentice (1980) 及 Lawless (2003) 更详细地了解式 (2.12) 和式(2.13)的转换过程。

将式(2.12)和式(2.13)结合 Kaplan-Meier 可靠度估计应用到 1584 个卫星样本数据上,如图 2.3 和表 2.A.1 所示,最终得到置信度为 95%的置信区间曲线如图 2.4 所示。

图 2.4 的表格形式如表 2.A.2 所示。图 2.4 可见:

(1)卫星在轨道上运行 1 年时,将有 95%的置信度在 96.1%~97.8%之间,这两个值构成了 $t=1$ 年时,置信度为 95%的置信区间的上、下限。在此时间点,卫星可靠度估计值 $\hat{R} = 97.0\%$ 。

(2)卫星在轨道上运行 7 年时,有 95%的置信度在 92.3%~95.1%之间。在此时间点,卫星可靠度估计值 $\hat{R} = 93.7\%$ 。

注意,$R(t_i)$ 与 $\hat{R}(t_i)$ 的离散度随着时间的增加而增大,这种增大趋势可以通过图 2.4 中 Kaplan-Meier 可靠度估计与置信区间的差距增大趋势看到。式(2.14)给出了具体的离散值,可以从图 2.5 明显看到离散值随时间增加的

17

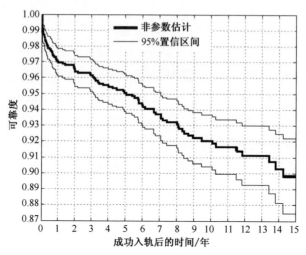

图 2.4　卫星可靠度在 95% 置信区间下的值

趋势。

$$D(t_i) = \left[R_{95\%}(t_i)\ \text{的上限} \right] - \left[R_{95\%}(t_i)\ \text{的下限} \right]$$
$$= 3.92\sigma(t_i)$$

$$= 3.92\left[\hat{R}(t_i) \right] \sqrt{\sum_{j \leqslant i} \frac{m_j}{n_j(n_j - m_j)}} \qquad (2.14)$$

图 2.5　卫星可靠度在 95% 置信区间下的分散性

　　图 2.5 表明了卫星可靠度非参数分析随时间的增加其不确定性的增加或精度降低的情况。从图 2.5 可以看出,卫星在轨道上运行 2 年时,其可靠度的离散度超过 2% 的点区间(当置信度为 95% 时)。然而,卫星在轨道上运行 12 年时,其可靠

18

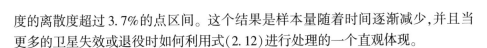

度的离散度超过 3.7% 的点区间。这个结果是样本量随着时间逐渐减少,并且当更多的卫星失效或退役时如何利用式(2.12)进行处理的一个直观体现。

2.5 小结和局限性分析

本节主要讨论关于卫星可靠度统计分析的挑战和局限,以及关于航天器可靠性分析及其结果的特点。

首先,注意到本章得到的卫星可靠度分析结果代表的是在 1990 年到 2008 年之间发射并绕地球轨道运行的人造卫星"集体的"故障行为。这个结果可能存在争议,然而,没有真正意义上两颗完全一样的卫星,而且每颗卫星运行的环境也不尽相同。因为不同卫星运行在不同的轨道,即使是在同一轨道上,除非是同一位置,否则也是暴露在不同的太空位置。航天工业与其他工业不同,其他行业(如半导体行业)可以得到数以千计的在同一环境条件下工作的晶体管数据,或其他行业领域故障数据可以通过加速试验或室外试验得到;但是航天工业由于其特殊性,无法得到这些类似的数据。而本结论是在缺少"大样本卫星产品"的基础上得到的,卫星故障的统计分析及可靠性数据面临着在计算精确的"平均的"卫星可靠度与得到一个不确定的"具体的"卫星平台可靠度之间的选择困难。这个困难可以通过以下两种方法解释:

第一种方法是将不同的卫星综合在一起分析它们"集体的"在轨故障行为,假设卫星的故障发生时间是相互独立且服从相同的分布(iid)。这样做的好处是可以得到相当大的样本(几百或上千个),就如本章一样,可得到"集体的"可靠度分析的一些精确且较窄的置信区间。缺点是 iid 的假设将受到挑战,然后"集体的"可靠度计算(精确计算)也许不能反映一个在特殊轨道上运行的航天器的某种具体类型的可靠性。

第二种方法是对数据特进行特殊化处理和分析,例如,某个具体的航天器平台或具体任务类型,或在特殊轨道上的卫星。这样做的优点是可靠性分析具体到所考虑的某种航天器(不再是一个"集体的"在轨可靠性)。缺点是减少了样本容量,置信区间将会扩大。当获得一定数量的卫星(几千颗),但不恰当的特殊化时,也会减少样本容量,在少于 100 个数据点时,将会得到一个很大的置信区间,因此,其离散度很高但不确定"具体的"卫星的可靠度结果。本章的主要结果是基于第一种方法,最近所发射卫星的"集体的"故障现象。第二种方法将在第 4 章和附录 A 中采用,其可靠度结果是基于具体任务卫星的特殊数据,最终得到大量的分类。

2. A 附　　录

表 2. A. 1　图 2. 3 中卫星可靠度 Kaplan-Meier 图的表格数据

故障时间 t_i/年	$\hat{R}(t_i)$	故障时间 t_i/年	$\hat{R}(t_i)$	故障时间 t_i/年	$\hat{R}(t_i)$
0.0027	0.9975	0.6899	0.9740	5.3854	0.9486
0.0055	0.9968	0.7420	0.9732	5.5003	0.9475
0.0082	0.9956	0.8460	0.9725	5.7248	0.9464
0.0110	0.9943	0.8597	0.9718	5.7413	0.9453
0.0137	0.9930	0.8679	0.9711	5.7440	0.9442
0.0192	0.9924	0.9144	0.9703	5.9713	0.9430
0.0246	0.9918	0.9966	0.9696	5.9986	0.9419
0.0329	0.9911	1.2731	0.9688	6.1246	0.9408
0.0411	0.9898	1.4100	0.9681	6.6502	0.9396
0.0438	0.9885	1.9055	0.9673	6.6639	0.9384
0.0630	0.9879	1.9192	0.9665	6.7680	0.9372
0.0986	0.9872	1.9521	0.9657	7.0554	0.9359
0.1396	0.9865	1.9767	0.9649	7.0637	0.9347
0.1451	0.9859	1.9822	0.9641	7.1841	0.9334
0.1752	0.9852	2.1547	0.9633	7.3977	0.9322
0.1862	0.9845	2.8830	0.9624	7.9863	0.9308
0.1999	0.9838	2.9377	0.9616	8.0684	0.9295
0.2163	0.9831	3.0719	0.9607	8.1123	0.9281
0.2437	0.9824	3.1376	0.9598	8.3176	0.9267
0.2793	0.9817	3.1951	0.9590	8.4244	0.9253
0.2930	0.9810	3.2416	0.9581	8.6489	0.9238
0.3368	0.9803	3.3758	0.9572	8.9473	0.9223
0.3504	0.9796	3.4387	0.9564	9.4593	0.9207
0.3587	0.9789	3.6879	0.9555	10.0862	0.9188
0.4572	0.9782	3.9918	0.9545	10.2916	0.9169
0.5202	0.9775	4.2464	0.9536	11.4771	0.9142
0.5394	0.9768	4.4819	0.9527	11.8385	0.9113
0.6051	0.9761	4.8679	0.9517	13.4401	0.9074
0.6270	0.9754	4.9199	0.9507	13.8070	0.9031
0.6489	0.9747	5.0267	0.9496	14.2560	0.8983

表 2. A. 2　图 2.4 中卫星可靠度置信区间的表格数据

故障时间/年	置信度为 95%的置信区间		故障时间/年	置信度为 95%的置信区间		故障时间/年	置信度为 95%的置信区间	
	下限	上限		下限	上限		下限	上限
0.0027	0.9950	0.9999	0.6899	0.9659	0.9820	5.3854	0.9366	0.9605
0.0055	0.9941	0.9996	0.7420	0.9650	0.9814	5.5003	0.9353	0.9596
0.0082	0.9923	0.9988	0.8460	0.9642	0.9808	5.7248	0.9340	0.9587
0.0110	0.9906	0.9980	0.8597	0.9634	0.9802	5.7413	0.9328	0.9578
0.0137	0.9889	0.9971	0.8679	0.9625	0.9796	5.7440	0.9315	0.9568
0.0192	0.9881	0.9967	0.9144	0.9617	0.9790	5.9713	0.9302	0.9559
0.0246	0.9873	0.9962	0.9966	0.9608	0.9784	5.9986	0.9289	0.9549
0.0329	0.9865	0.9958	1.2731	0.9600	0.9777	6.1246	0.9276	0.9540
0.0411	0.9849	0.9948	1.4100	0.9591	0.9771	6.6502	0.9262	0.9530
0.0438	0.9833	0.9938	1.9055	0.9582	0.9764	6.6639	0.9248	0.9520
0.0630	0.9824	0.9933	1.9192	0.9572	0.9757	6.7680	0.9234	0.9509
0.0986	0.9816	0.9928	1.9521	0.9563	0.9751	7.0554	0.9220	0.9499
0.1396	0.9808	0.9923	1.9767	0.9554	0.9744	7.0637	0.9205	0.9488
0.1451	0.9800	0.9917	1.9822	0.9545	0.9737	7.1841	0.9191	0.9478
0.1752	0.9792	0.9912	2.1547	0.9535	0.9730	7.3977	0.9176	0.9467
0.1862	0.9783	0.9907	2.8830	0.9525	0.9723	7.9863	0.9161	0.9456
0.1999	0.9775	0.9901	2.9377	0.9516	0.9716	8.0684	0.9145	0.9444
0.2163	0.9767	0.9896	3.0719	0.9506	0.9708	8.1123	0.9129	0.9433
0.2437	0.9759	0.9890	3.1376	0.9496	0.9701	8.3176	0.9113	0.9421
0.2793	0.9750	0.9884	3.1951	0.9486	0.9694	8.4244	0.9096	0.9409
0.2930	0.9742	0.9879	3.2416	0.9476	0.9686	8.6489	0.9080	0.9397
0.3368	0.9734	0.9873	3.3758	0.9466	0.9679	8.9473	0.9062	0.9384
0.3504	0.9725	0.9867	3.4387	0.9456	0.9671	9.4593	0.9043	0.9371
0.3587	0.9717	0.9862	3.6879	0.9445	0.9664	10.0862	0.9020	0.9356
0.4572	0.9709	0.9856	3.9918	0.9435	0.9656	10.2916	0.8997	0.9340
0.5202	0.9701	0.9850	4.2464	0.9424	0.9648	11.4771	0.8963	0.9321
0.5394	0.9692	0.9844	4.4819	0.9413	0.9640	11.8385	0.8926	0.9300
0.6051	0.9684	0.9838	4.8679	0.9402	0.9631	13.4401	0.8873	0.9275
0.6270	0.9676	0.9832	4.9199	0.9390	0.9623	13.8070	0.8813	0.9248
0.6489	0.9667	0.9826	5.0267	0.9378	0.9614	14.2560	0.8747	0.9219

第 3 章　航天器可靠性的参数分析及威布尔建模①

在计算可靠度时,由于可靠性非参数模型不受任何预先定义的特殊寿命分布约束,因此对航天器可靠性进行非参数分析可以获得有效的结果。然而,非参数分析仍然有一定的局限性。模型的灵活性使得可靠性非参数分析的结果不容易获得,并且不便应用于工程设计中经常遇到的多目标情况(如基于可靠性的最优化设计)。在这种情况下,利用参数分析可以更容易地识别和区分某些故障发生的趋势及失效模式。一些方法可以有效地拟合出可靠性非参数结果(如Kaplan-Meier 估计)的参数分布,或直接从失效和截尾次数得到可靠性参数分布信息。本章简单介绍两种方法:概率图法,用于说明卫星可靠度可以通过威布尔分布进行恰当的近似估计;极大似然估计(MLE)法用于计算威布尔分布的参数。

在威布尔分布拟合基础上,本章还提出一种基于混合威布尔分布更优越的参数拟合方法,并证明了该混合分布法得到的结果可以描述出包含航天器所有可靠性非参数结果中的趋势。

3.1　威布尔分布的概述

威布尔分布是可靠性分析中常用的分布类型之一。由于威布尔分布灵活性比较强,并且通过合理选择其两个参数(形状参数)中的一个就可以对不同类型的故障行为进行建模,因此威布尔分布在可靠性建模分析中得到广泛应用。确切地说,威布尔分布在可靠性领域建模对象包括故障率上升的(损耗)、下降的(早期失效)以及恒定不变(如指数分布)的故障行为。威布尔分布包含形状参数 β 和尺度参数 θ ,其故障率函数可写成

---

① 本章内容根据作者发表的 3 篇论文整理完成,3 篇论文分别发表在 *Journal of Spacecraft and Rockets*(Castet and Saleh,2009a),*Reliability Engineering and System Safety*(Castet 和 Saleh,2009b,2010a)。

$$\lambda(t) = \frac{\beta}{\theta}\left(\frac{t}{\theta}\right)^{\beta-1} \qquad (\theta > 0, \beta > 0, t \geqslant 0) \qquad (3.1)$$

式中：β 是无量纲的；θ 由单位时间表示。

威布尔分布的概率密度函数可表示成

$$f(t;\beta,\theta) = \frac{\beta}{\theta}\left(\frac{t}{\theta}\right)^{\beta-1} \exp\left[-\left(\frac{t}{\theta}\right)^{\beta}\right] \qquad (3.2)$$

对应的可靠度函数为

$$R(t) = \exp\left[-\left(\frac{t}{\theta}\right)^{\beta}\right] \qquad (3.3)$$

威布尔分布模型的灵活性反映在其形状参数 β 对故障率的影响上，具体如下：

（1）当 $0 < \beta < 1$ 时，故障率是下降的，因此 β 在该范围内取值时可以对早期故障进行建模。

（2）当 $\beta = 1$ 时，故障率为恒定的，此时威布尔分布等价于指数分布。

（3）当 $\beta > 1$ 时，故障率为上升的，因此 β 的取值大于 1 时可对损耗故障进行建模。方法是：

① 当 $1 < \beta < 2$ 时，故障率为下凸的增函数；

② 当 $\beta = 2$ 时，故障率为线性函数，此时威布尔分布等价于瑞利分布；

③ 当 $\beta > 2$ 时，故障率为上凸的增函数；

④ 当 $3 \leqslant \beta \leqslant 4$ 时，威布尔分布接近于正态分布。

3.2　概率图及图形估计

3.2.1　图形估计法步骤

概率图建立了一种简单的、可视化的图形估计步骤来对非参数数据进行参数分布的拟合。该步骤基于的客观前提是一些参数模型（如指数分布或威布尔分布）可通过特定的数学变换将这些模型的可靠度函数线性化。以威布尔分布为例，对式（3.3）两边取自然对数，可得

$$\ln[R(t)] = -\left(\frac{t}{\theta}\right)^{\beta} \qquad (3.4)$$

对式（3.4）两边取自然对数，可得

$$\ln[-\ln R(t)] = \beta\ln t - \beta\ln\theta \qquad (3.5)$$

式（3.5）与式（3.3）等价：

$$R(t) = \exp\left[-\left(\frac{t}{\theta}\right)^{\beta}\right] \quad \Leftrightarrow \quad \ln[-\ln R(t)] = \beta \ln t - \beta \ln \theta \qquad (3.6)$$

考虑式(3.6)所示的等价情况,如果一个项目中给出的是可靠性参数数据,$\hat{R}(t_i)$ 只能通过不同时刻 t_i 获得,但是其潜在的参数分布类型未知。可以通过下面的"图形估计"方法检测威布尔分布对这些非参数数据拟合是否合适和准确:

(1)如果 $\ln[-\ln \hat{R}(t_i)]$ 作为 $\ln(t_i)$ 的函数被绘制出来,数据点在 $(\ln(t);$ $\ln[-\ln \hat{R}(t)])$ 空间中呈一条直线(结果图形称为威布尔分布图),则可得到该数据实际是来源于威布尔分布的结论(潜在的参数分布类型确实是威布尔分布)。

(2)如果数据点不是直线分布,那么威布尔分布可视为一个不适合该数据的参数模型而排除(依据式(3.6)的等价情况)。

3.2.2　航天器可靠性的威布尔分布图及威布尔拟合

图3.1为卫星可靠度的威布尔分布图。图中的数据点是直线分布,通过回归分析可得

$$y = 0.3875x - 3.4972 \qquad (3.7)$$
$$R^2 = 0.9835$$

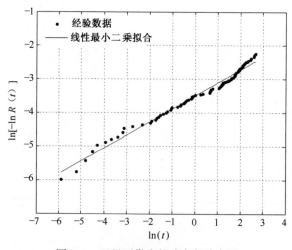

图3.1　卫星可靠度的威布尔分布图

通过上述结果可知,威布尔拟合效果良好,因此卫星可靠度可通过威布尔分布较好地近似。另外,通过图3.1中的最小二乘拟合的斜率以及式(3.7)可确定威布尔分布的形状参数 β ,通过直线与 Y 轴的交点的值可以得到尺度参数 θ 。

通过图形估计方法得到的分布参数如下：

$$\begin{cases} \beta = 0.3875 \\ \theta = 0.8316 \text{ 年} \end{cases} \tag{3.8}$$

将上述结果替换式(3.3)中的参数可得到卫星可靠度的威布尔分布结果，如图 3.2 所示,该分布拟合的优点将在下面讨论。

3.2.3　图形估计法的优点和局限性

利用概率分布图或图形估计方法进行参数拟合的优势在于其简易性:容易实施,不要求相关复杂的计算,且可以直观提供假定的参数分布有效性的可视化信息。另外,假定分布(在本章为威布尔分布)的参数,可通过概率分布图中数据的简单线性最小二乘拟合来计算。然而,当对实际分布的参数进行计算时概率分布图也有如下缺点:

(1)当分布(如威布尔分布)要求进行对数时间变换时,过多的权重被分配给早期故障时间段而末期故障时间段没有足够的权重。因此,所得参数拟合的结果是有偏颇的。

(2)在情况(1)下,通过对概率分布图的最小二乘拟合并不能得到实际分布的最小方差估计。

(3)如果失效时间没有恰当地分散在数据范围内,则参数估计的结果会不准确。

如果可靠性研究的目的不要求全面精确的结果,那么根据概率分布图或图形估计法进行参数拟合是可行的;否则,采用下面讨论的更精确的极大似然估计法。

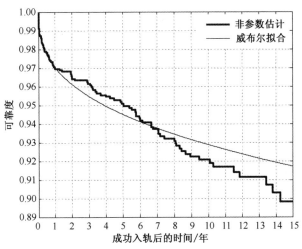

图 3.2　卫星可靠度的 Kaplan-Meier 估计以及威布尔拟合

3.3 极大似然估计法

极大似然估计法能够克服概率分布图的局限性,并且只要样本不是特别小(如个位数),极大似然估计法比图形估计法的参数拟合更加精确。极大似然估计法在解析上比图形估计法更复杂,要求:①对于选定的分布及截尾类型,确定其正确的似然函数公式;②通过不同的计算及解析方法来选择一个合适的函数。分布中未知参数的值极大化似然函数称为极大似然估计,该方法称为极大似然估计法。

3.3.1 威布尔分布的极大似然估计推导

本节给出了威布尔分布的极大似然估计一般推导过程,该过程基于 Lawless(2003)中与此相关方法的叙述。如果读者只对航天器极大似然估计结果感兴趣,则可以越过此节内容,直接阅读 3.3.2 节。从概念上讲,极大似然估计基于以下思想:对于一组观测数据,假设一个包含未知参数的参数寿命分布由向量 $\boldsymbol{\theta}$(如威布尔分布的两个参数)来描述,似然函数可定义为选择的参数分布中包含或生成观测数据的概率。当给定样本概率密度函数的参数表达式为 $f(t;\boldsymbol{\theta})$,并且收集到 n 项寿命参数 $t_1,t_2,\cdots,t_n$,则极大似然函数可写成

$$L(\boldsymbol{\theta}) = \prod_{i=1}^{n} f(t_i;\boldsymbol{\theta}) \tag{3.9}$$

下面介绍关于 $L(\boldsymbol{\theta})$ 极大值的研究包括依据假定的概率分布对 $\boldsymbol{\theta}$ 值的估计 $\hat{\boldsymbol{\theta}}$ 以及对可靠度函数 $R(t;\hat{\boldsymbol{\theta}})$ 的估计。

如果数据为截尾数据,则难度增加。考虑截尾机理,式(3.9)需要改进。在这种情形下,考虑 n 项寿命 $t_1,t_2,\cdots,t_n$。利用变量 δ_i 对数据截尾做出说明:如果 t_i 为观测寿命,则 $\delta_i = 1$;如果 t_i 为截尾时间,则 $\delta_i = 0$。假设寿命和截尾时间是独立的,对于该研究中的截尾类型,似然函数可写成

$$L(\boldsymbol{\theta}) = \prod_{i=1}^{n} f(t_i;\boldsymbol{\theta})^{\delta_i} R(t_i;\boldsymbol{\theta})^{1-\delta_i} \tag{3.10}$$

式中:$f(t;\boldsymbol{\theta})$、$R(t;\boldsymbol{\theta})$ 分别为假设的概率分布的概率密度函数和可靠度函数。

似然函数需要自定义,也就是说,每一个考虑到的参数分布都应根据数据拟合得到,因为从式(3.9)和式(3.10)可以看出 $f(t;\boldsymbol{\theta})$ 决定了似然函数。对于威布尔分布,更加方便的选择是利用极大值分布 $Y = \ln T$ 得到式(3.2)和式(3.3),概率密度函数和可靠性函数为

$$f(y;u,b) = \frac{1}{b} e^{(y-u)/b} \exp(-e^{(y-u)/b}) \quad (-\infty < y < \infty) \tag{3.11}$$

$$R(y;u,b) = \exp(-e^{(y-u)/b}) \quad (-\infty < y < \infty) \tag{3.12}$$

式中：$y = \ln t, u = \ln\theta, b = \beta^{-1}$。

因为单调数学变换过程的极大化过程是不变的，所以对数似然函数 $l(\boldsymbol{\theta}) = \ln L(\boldsymbol{\theta})$ 利用起来通常会更方便。通过利用变量 $z = (y - u)/b$ 以及引入 $r = \sum \delta_i$，对数似然函数可表示为

$$l(u,b) = -r\ln b + \sum_{i=1}^{n}(\delta_i z_i - e^{z_i}) \tag{3.13}$$

考虑对对数似然函数 $l(u,b)$ 取极大值或对 $-l(u,b)$ 取极小值。通过计算 $-l(u,b)$ 的梯度及海赛(Hessian)矩阵可使极小化过程更高效：

$$-\nabla l(u,b) = \begin{pmatrix} -\dfrac{\partial l}{\partial u} \\ -\dfrac{\partial l}{\partial}b \end{pmatrix} = \begin{pmatrix} \dfrac{1}{b}\sum_{i=1}^{n}[\delta_i - e^{z_i}] \\ \dfrac{r}{b} + \dfrac{1}{b}\sum_{i=1}^{n}z_i(\delta_i - e^{z_i}) \end{pmatrix} \tag{3.14}$$

$$-H(u,b) = \begin{bmatrix} -\dfrac{\partial^2 l}{\partial u^2} & -\dfrac{\partial^2 l}{\partial u \partial b} \\ -\dfrac{\partial^2 l}{\partial u \partial b} & -\dfrac{\partial^2 l}{\partial b^2} \end{bmatrix} \tag{3.15}$$

式中

$$-\frac{\partial^2 l}{\partial u^2} = \frac{1}{b^2}\sum_{i=1}^{n}e^{z_i} \tag{3.16}$$

$$-\frac{\partial^2 l}{\partial u \partial b} = \frac{1}{b^2}\sum_{i=1}^{n}[e^{z_i} - \delta_i + z_i e^{z_i}] \tag{3.17}$$

$$-\frac{\partial^2 l}{\partial b^2} = \frac{1}{b^2}\{-r + \sum_{i=1}^{n}[2z_i(e^{z_i} - \delta_i) + z_i^2 e^{z_i}]\} \tag{3.18}$$

3.3.2　航天器可靠性的极大似然估计威布尔拟合

前面小节中的极大似然估计过程可以应用于本例中的失效数据和截尾数据，本小节中的所有数据都是 1990 年至 2008 年成功发射的 1584 颗地球轨道卫星的在轨数据。航天器可靠性极大似然估计威布尔参数的结果和参考前面利用

表 3.1　用两种方法推导航天器可靠性中的威布尔参数

方　　法	形状参数 β	尺度参数 θ
图形估计法	0.3875	8316
极大似然估计法	0.4521	2607

图形估计法推导得到的结果见表3.1。

本章前部分中已经描述过,威布尔可靠性函数可写成

$$R(t) = \exp\left[-\left(\frac{t}{\theta}\right)^{\beta}\right]$$ (3.19)

把表3.1中的形状参数和尺度参数代入式(3.19),可得到航天器可靠性参数模型。

分别利用图形估计法和极大似然估计法,可推导得到威布尔拟合,如图3.3所示。前面章节推导得到的可靠性非参数结果在此处称为"基准可靠性"。每一种分布类型的拟合效果会在下面的章节中讨论。

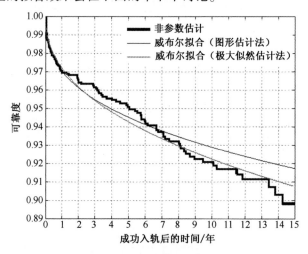

图3.3 卫星的可靠度和威布尔拟合图

在继续讨论之前,值得注意的是两种估计方法得到的威布尔分布形状参数都小于1,这说明卫星早期故障行为是比较稳健的。

3.4 航天器可靠性参数拟合的比较分析

3.4.1 极大似然估计法与图形估计法威布尔拟合的比较

从图3.3可以看出,极大似然估计法和图形估计法都能够得到"基准可靠性"相对精确的结果。"基准可靠性"与参数近似之间的误差在极大似然估计拟合中小于1.12%,在图形估计拟合中小于2.05%。另外,"基准可靠性"与参数近似之间的平均误差在极大似然估计拟合中为0.42%,在图形估计拟合中为0.71%(表3.2)。这些结果以及图3.3表明,在对卫星可靠度进行威布尔参数拟合的过程中,极大似然估计法拟合的结果比图形估计拟合的结果更加精确。

下面将误差视为时间的函数进行更详细的分析。从图 3.3 可看出,图形估计法拟合的质量自在轨 7 年以后开始大幅下降(可作为图形估计威布尔拟合和非参数结果之间逐渐增大的差距的证据),且在 $t=15$ 年时,参数拟合得到的结果相比实际的卫星可靠度高估了 2%。然而,极大似然估计拟合在时间轴范围内都保持了其精确度,并且在 $t=15$ 年时,极大似然估计参数拟合结果相对卫星实际可靠度高估不到 1%。图形估计拟合质量的下降可追溯到威布尔分布(图 3.1)以及 3.2.3 节中的分析(1)。注意到最小二乘拟合在图 3.1 右上角一个较小的范围内低于经验数据,大约从 $\ln t=2$ 开始。该值实际上相当于 $t=7.4$ 年,从该点开始图形估计拟合质量开始下降(图 3.3)。最小二乘拟合在 $\ln t=2$ 点以后的斜率比数据点的局部斜率小,则形状参数(直线斜率)的拟合结果也较小,因此比实际的局部形状参数更乐观。所以,在 $t=7$ 年以后,拟合的可靠度结果会高估实际的可靠度。此外,在本研究中的时间范围 $t=15$ 年,相当于 $\ln t=2.7$。实际上,图形估计拟合质量在 7~15 年逐渐下降,是由于威布尔分布图中 $2 < \ln t < 2.7$ 区域中较小的不匹配造成的。这构成了图形估计法固有的缺点,而且是由威布尔分布图所需要的对数时间变换造成的。

然而,图形估计法拟合精度随时间下降的缺点也为图形估计威布尔拟合提供了一个有用的特征,即图形估计拟合在 $t=7$ 年之前对早期失效以及卫星实际可靠度的近似结果比极大似然估计法要更精确。换句话说,在本研究时间范围内如果极大似然估计拟合保持其精确度,则图形估计拟合有如下两种情况:在早期至 $t=7$ 年时间内,其精确度比极大似然估计要高;在后期($t>7$ 年)其精确度低于极大似然估计。在这两种时期内的平均误差以及最大误差见表 3.2。

表 3.2　超过 7 年或 15 年后卫星可靠度参数与非参数误差

时间 误差 方法	超过 7 年		超过 15 年	
	最大误差/%	平均误差/%	最大误差/%	平均误差/%
图形估计法	0.79	0.37	2.05	0.71
极大似然估计法	0.94	0.51	1.12	0.42

关于两种参数拟合方法与基准可靠性之间误差的更加详细的分析如图 3.4 所示。图 3.4 中为极大似然估计与图形估计威布尔拟合残差的两个箱线图。箱线图的解读如下:箱子的下边界表示残差的第一个四分位点(25%)为下四分位点,上边界表示第三个四分位点(75%)为上四分位点。箱子中的线表示残差的中位数。箱子以外的两条线表示残差的极小值与极大值。图 3.4 证实了在 15 年中极大似然估计拟合的精确度更高。极大似然估计残差的散布比图形估计拟合的要小:极大似然估计的 25% 和 75% 分散度更小(箱子更小);且极值的分散度更小(更短的虚线部分)。

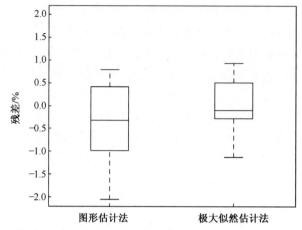

图 3.4　卫星服役 15 年后的威布尔拟合可靠度以及非参数可靠度残差的箱线图

3.4.2　极大似然估计威布尔拟合与极大似然估计对数正态拟合的比较

对于航天器可靠性参数化模型,除用威布尔拟合以外,也可以用极大似然估计对数正态拟合进行分析,所得概率密度函数为

$$f(t;u,\sigma) = \frac{1}{t\sigma\sqrt{2\pi}}\mathrm{e}^{-(\ln t-u)^2/(2\sigma^2)} \tag{3.20}$$

式中：$\mu = 9.7646$ 年；$\sigma = 5.2209$ 年。

威布尔及对数正态两个拟合的误差如图 3.5 所示,由图可知虽然两个拟合表示的卫星可靠性非参数结果都是相对精确的,但是对数正态拟合的结果比威布尔拟合的结果精度低,偏差更大。

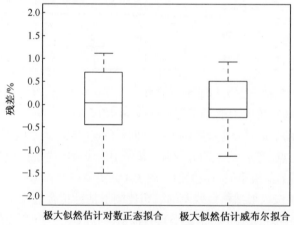

图 3.5　极大似然估计对数正态拟合和极大似然估计威布尔拟合的残差比较

3.5　有限混合分布

前面已介绍在航天器可靠性非参数结果中存在几种趋势和现象。威布尔分布模型具有故障率单调性的特点,但是只能描述观测到的卫星故障趋势中的一种情况,无法对其他情况进行建模。通过观察同样可以知道,对数正态分布无法对非参数航天器可靠性精确建模的情况。这说明了在对非参数航天器可靠性进行精确描述时,进行有限混合分布建模非常必要。与威布尔分布不同的是,多种分布的混合可以对非单调失效率进行建模。

混合分布是指将常见的分布如指数分布、威布尔分布、对数正态分布进行线性组合的基础得到的一种分布类型。本节基于前面章节关于威布尔拟合的描述,用威布尔混合分布来对非参数航天器可靠性进行建模。接下来将用不同的方法来估计威布尔混合分布的参数,并且通过与前面单威布尔模型进行比较说明混合分布的优点。

威布尔混合分布可靠性参数模型可表示成

$$R(t) = \sum_{j=1}^{k} \alpha_j \exp\left[-\left(\frac{t}{\theta_j}\right)^{\beta_j}\right] \tag{3.21}$$

式中：k 为混合分布中分布数目；$\sum_{j=1}^{k} \alpha_j = 1(0 \leqslant \alpha_j \leqslant 1)$。

包含双威布尔混合分布的情况将会在下面讨论,并提出多种不同的方法来计算混合分布中不同的参数。

3.5.1　混合分布参数估计的方法

目前已有几种不同的方法可用来对混合分布模型的参数进行估计,例如在可靠性非参数估计用到的非线性最小二乘法或者极大似然估计法(直接利用寿命和截尾数据)。一系列其他的方法及其细节可参考 Titterington(1985)等人的研究。

1. 非线性最小二乘法

最小二乘法是一种准蒙特卡罗计算方法,该方法通过搜索混合分布的参数取值来寻求使非参数可靠性和混合分布之间不同之处的二乘数目最小,同时满足 $\alpha_j(j \in [1,k])$ 的约束。

2. 极大似然估计法

极大似然估计法理论上的研究见 3.3 节内容。依据概率密度函数和可靠性函数的似然函数表达式是一致的。然而,在混合分布的情况下概率密度函数和可靠性函数的表达式比 3.3 节中所描述的单一分布的情况更加复杂。前面考虑寿命有 n 项 $t_1, t_2, \cdots, t_i, \cdots, t_n (i \in [1, n])$。如前所述,相比威布尔分布,利用极大似然分布更加方便:

$$\begin{cases} f_j(y_i, u_j, b_j) = \dfrac{1}{b_j} e^{(y_i - u_j)/b_j} \exp[-e^{(y_i - u_j)/b_j}] \\ R_j(y_i, u_j, b_j) = \exp[-e^{(y_i - u_j)/b_j}] \end{cases} \qquad (j \in [1, k]) \qquad (3.22)$$

式中

$$\begin{cases} y_i = \ln t_i \\ u_j = \ln \theta_j \\ b_j = 1/\beta_j \end{cases}$$

利用式(3.22),可得概率密度函数和可靠性函数的表达式分别为(其中 $k = 2$)

$$f_j(y_i, u_1, b_1, u_2, b_2, \alpha) = \alpha \cdot f_1(y_i, u_1, b_1) + (1 - \alpha) \cdot f_2(y_i, u_2, b_2) \tag{3.23}$$

$$R(y_i, u_1, b_1, u_2, b_2, \alpha) = \alpha \cdot R_1(y_i, u_1, b_1) + (1 - \alpha) \cdot R_2(y_i, u_2, b_2) \tag{3.24}$$

利用参数向量 $\boldsymbol{\theta}$ 表示 5 个参数的混合,即

$$\boldsymbol{\theta} = [u_1, b_1, u_2, b_2, \alpha]^{\mathrm{T}} \tag{3.25}$$

因此,利用式(3.10),似然函数可表示为

$$L(\boldsymbol{\theta}) = \prod_{i=1}^{n} f(y_i; \boldsymbol{\theta})^{\delta_i} R(y_i; \boldsymbol{\theta})^{1-\delta_i} \tag{3.26}$$

对数似然函数 $l(\boldsymbol{\theta}) = \ln L(\boldsymbol{\theta})$ 可写为

$$l(\boldsymbol{\theta}) = \sum_{i=1}^{n} [\delta_i \ln f(y_i; \boldsymbol{\theta}) + (1 - \delta_i) \ln R(y_i; \boldsymbol{\theta})] \tag{3.27}$$

如前面所述,可以对对数似然函数 $l(\boldsymbol{\theta})$ 取最大值,或者等价的对 $-l(\boldsymbol{\theta})$ 取极小值。一些方法中可以利用极大似然估计 $\hat{\boldsymbol{\theta}}$ 得到 $\boldsymbol{\theta}$,下面列出其中两种方法(其他方法可参考 Titterington 等人(1985)的工作成果):

(1) 期望最大化(EM)算法。

(2) 利用 Newton-Raphson 法解决 $l(\boldsymbol{\theta})$ 的典型最优化问题。

后者利用微分算法来解决问题,下面给出对数似然函数 $-l(\boldsymbol{\theta})$ 的梯度表达式。

对 EM 算法有兴趣的读者可以参考 Dempster 等(1977)、McLachlan 和 Krishnan(2008)、Titterington 等人(1985),以及 Kvam 和 Vidakovic(2007)等的工作成果。因此

$$- \nabla l(\boldsymbol{\theta}) = \left(- \frac{\partial l}{\partial u_1}, \ - \frac{\partial l}{\partial b_1}, \ - \frac{\partial l}{\partial u_2}, \ - \frac{\partial l}{\partial b_2}, \ - \frac{\partial l}{\partial \alpha} \right)^{\mathrm{T}} \tag{3.28}$$

式中,通过对 $Z_{1i} = (y_i - u_1)/b_1$ 和 $Z_{2i} = (y_i - u_2)/b_2$ 的变换,可得

$$- \frac{\partial l}{\partial u_1} = - \sum_{i=1}^{n} \left[\delta_i \frac{\alpha}{b_1} (\mathrm{e}^{z_{1i}} - 1) \frac{f_1(y_i, u_1, b_1)}{f(y_i, \boldsymbol{\theta})} + (1 - \delta_i) \frac{\alpha}{b_1} \mathrm{e}^{z_{1i}} \frac{R_1(y_i, u_1, b_1)}{R(y_i, \boldsymbol{\theta})} \right] \tag{3.29}$$

$$- \frac{\partial l}{\partial b_1} = - \sum_{i=1}^{n} \left[\delta_i \frac{\alpha}{b_1} (z_{1i} \mathrm{e}^{z_{1i}} - z_{1i} - 1) \frac{f_1(y_i, u_1, b_1)}{f(y_i, \boldsymbol{\theta})} + (1 - \delta_i) \frac{\alpha}{b_1} z_{1i} \mathrm{e}^{z_{1i}} \frac{R_1(y_i, u_1, b_1)}{R(y_i, \boldsymbol{\theta})} \right] \tag{3.30}$$

$$- \frac{\partial l}{\partial u_2} = - \sum_{i=1}^{n} \left[\delta_i \frac{1-\alpha}{b_2} (\mathrm{e}^{z_{2i}} - 1) \frac{f_2(y_i, u_2, b_2)}{f(y_i, \boldsymbol{\theta})} + (1 - \delta_i) \frac{\alpha}{b_2} \mathrm{e}^{z_{2i}} \frac{R_2(y_i, u_2, b_2)}{R(y_i, \boldsymbol{\theta})} \right] \tag{3.31}$$

$$- \frac{\partial l}{\partial b_2} = - \sum_{i=1}^{n} \left[\delta_i \frac{1-\alpha}{b_2} (z_{2i} \mathrm{e}^{z_{2i}} - z_{2i} - 1) \frac{f_2(y_i, u_2, b_2)}{f(y_i, \boldsymbol{\theta})} + (1 - \delta_i) \frac{\alpha}{b_2} z_{2i} \mathrm{e}^{z_{2i}} \frac{R_2(y_i, u_2, b_2)}{R(y_i, \boldsymbol{\theta})} \right] \tag{3.32}$$

$$- \frac{\partial l}{\partial \alpha} = - \sum_{i=1}^{n} \left[\delta_i \frac{f_1(y_i, u_1, b_1) - f_2(y_i, u_2, b_2)}{f(y_i, \boldsymbol{\theta})} + (1 - \delta_i) \frac{R_1(y_i, u_1, b_1) - R_2(y_i, u_2, b_2)}{R(y_i, \boldsymbol{\theta})} \right] \tag{3.33}$$

3.5.2　航天器可靠性的双威布尔混合分布

表 3.3 给出了基于极大似然估计法的双威布尔混合分布参数结果。

表 3.3　用极大似然估计法求双威布尔混合分布的参数

方法	β_1	$\theta_1/$年	β_2	$\theta_2/$年	α
极大似然估计法	0.3760	14310.1	2.9937	9.3	0.9725

最终得到的航天器可靠性模型如下:

$$R(t) = 0.9725 \exp\left[-\left(\frac{t}{14310.1} \right)^{0.3760} \right] + 0.0275 \exp\left[-\left(\frac{t}{9.3} \right)^{2.9937} \right] \tag{3.34}$$

从式(3.34)可以看出,第一个威布尔形状参数 $\beta_1 < 1$ 描述航天器早期故障,第二个威布尔形状参数 $\beta_2 > 1$ 描述航天器损耗故障。图 3.6 为双威布尔混合分布模型的结果叠加到航天器可靠性非参数结果上。

表 3.4 给出了表现双威布尔混合分布拟合优点的一些指标值。如图 3.11 所示,混合分布模型和可靠性非参数结果之间的残差为准正态分布,

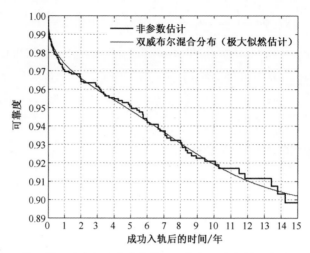

图 3.6　航天器双威布尔混合分布模型可靠度和非参数可靠度结果对比

这表明了在此参数模型中不存在偏差,并且所有的故障趋势都可以被此混合分布模型描述。

表 3.4　用拟合方法很好地求得双威布尔混合分布的参数

方法	R^2	误差/%		残差	
		平均误差	最大误差	25%	75%
极大似然估计法	0.9930	0.17	0.57	−0.14	0.16

3.6　单威布尔分布拟合与双威布尔混合分布拟合的对比分析

本节将对单威布尔分布拟合与双威布尔混合分布拟合的效果进行比较,并且用两者与航天器非参数可靠性进行统一对比评估。在 3.3.2 节中对单威布尔分布结合极大似然估计过程进行了推导。最终得到的航天器可靠性模型如下:

$$R(t) = \exp\left[-\left(\frac{t}{2607}\right)^{0.4521}\right] \tag{3.35}$$

对于双威布尔混合分布,也可以通过极大似然估计过程推导,最终得到的航天器可靠性模型如下:

$$R(t) = 0.9725\exp\left[-\left(\frac{t}{14310.1}\right)^{0.3760}\right] + 0.0275\exp\left[-\left(\frac{t}{9.3}\right)^{2.9937}\right] \tag{3.36}$$

航天器可靠性的两参数模型如图 3.7 和图 3.8 所示,与非参数可靠性结果的叠加已在前面章节中推导过。

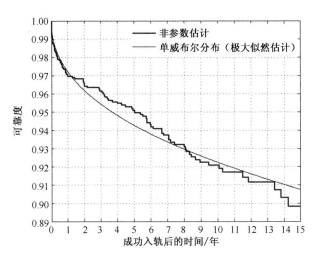

图 3.7　非参数可靠度和单威布尔分布模型可靠度

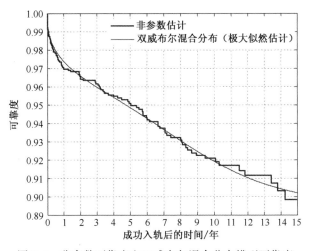

图 3.8　非参数可靠度和双威布尔混合分布模型可靠度

　　由图 3.7 和图 3.8 可知,两种参数模型都能得到与非参数可靠性相对精确的近似结果。更细致的观察,明显看出双威布尔混合分布与非参数航天器可靠性的趋势保持更高的精确性。为了量化估计单威布尔分布与双威布尔混合分布之间的精度改进,计算了非参数基准可靠性结果与参数模型之间的最大误差和平均误差。该结果为两种参数模型的精度改进提供了简要的评价依据,结果如表 3.5 所列。

　　由表 3.5 可知,两种参数模型都比较精确,单威布尔分布的最大误差为

1.1%,双威布尔混合分布为0.6%。利用式(3.35)为航天器可靠性建模,其结果比实际的非参数可靠性结果最大有1.1%的误差。由图3.7和图3.8中两种模型拟合效果可得到额外的信息,即在表3.5的简单统计中没有描述的内容。由图3.8可知,在15年的时间范围内,双威布尔混合分布保持着较高的精确性。图3.7中的极大似然估计拟合的精确性是变化的,极大似然估计拟合在第1年是精确的,然后在1~7年则精确性逐渐减低。该评论可从如下观点解读:单威布尔分布模型非参数可靠性的精度仍然保持在1%以内,利用极大似然估计参数结果将实际的卫星可靠性高估少于一个百分点。尽管两种参数模型都是能够满足要求的,但在描述实际的航天器非参数可靠性时,双威布尔混合分布明显比单威布尔分布更加精确。双威布尔混合分布的平均误差为0.17%,这也直接导致了优异的参数精确性,并且比单威布尔分布拟合的精确性有60%的改进。

表3.5 超过15年后非参数可靠性与参数模型之间的误差

参数拟合	最大误差/%	平均误差/%
单威布尔分布	1.12	0.42
双威布尔混合分布	0.57	0.17

然而,如果一个参数模型不追求高精确性,则单威布尔分布以其简易的特点(只有2个参数)比有5个参数的双威布尔混合分布更加便于采用。

除了最大误差及平均误差的计算,关于非参数可靠性的两种参数模型之间残差的更加详细的分析如图3.9所示。

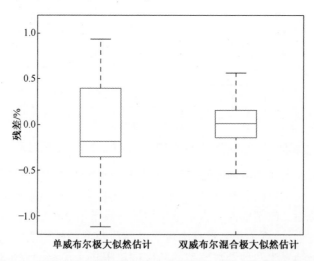

图3.9 威布尔分布模型和非参数可靠性在15年后的残差箱线图

图3.9证明在15年的范围内混合分布具有更高的精度。混合分布残差的

离散程度要比单分布参数拟合的更小：

（1）混合分布的 25% 和 75% 分散程度更小(箱子更小)，如表 3.6 所列。

表 3.6　超过 15 年后非参数可靠性与参数模型之间的误差

参数拟合	25%	75%
单威布尔分布	−0.28	0.51
双威布尔混合分布	−0.14	0.16

（2）极值的分散程度更小(图中虚线更短)。实际值在表 3.5 中列出一部分。

（3）由图 3.9 可知，双威布尔混合分布的残差比单威布尔分布的残差更均匀。另外，如前面所述，双威布尔混合分布与非参数可靠性间的残差为准正态分布，如图 3.11 所示，很好地证明了参数混合模型中不存在偏差，且双威布尔混合分布能够描述所有的故障趋势(与图 3.10 所示的单威布尔分布模型的情况不同)。

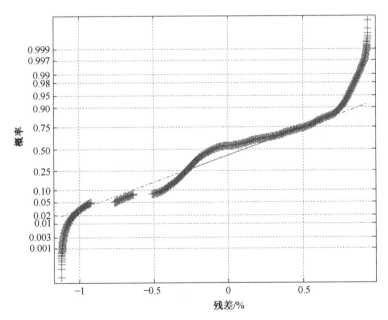

图 3.10　单威布尔分布残差的正态概率图

最后一项也表明了拟合更高阶($k>2$)的混合分布是多余的。

本章以对需要用到航天器可靠性结果的研究者提出以下建议作为本章结论。首先，本书推荐利用非参数结果作为实际航天器可靠性最精确的评价。然而，如果研究环境不适用非参数结果，则推荐用双威布尔混合分布拟合方法。若

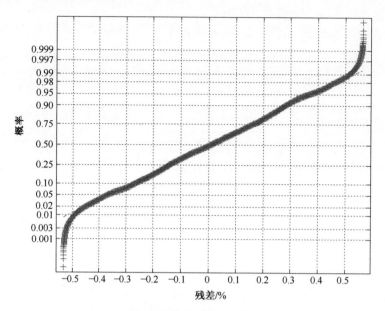

图 3.11 双威布尔混合分布的残差的正态概率图

追求简易性且研究中不要求很高的精确性,则可用单威布尔极大似然估计拟合法。

第4章 数据特例分析:基于轨道和质量分类的航天器可靠性统计分析[①]

4.1 引 言

本书前面章节对地球轨道卫星进行了统一的故障模式分析,并推导了基于参数的可靠性模型和非参数统计结果。通过这些分析得出的两个重要结论是航天器存在早期故障以及其故障时间明显服从威布尔分布。

在2.5节中指出了前面分析过程的一个不足之处,即在分析时将不同类型的、不同轨道上的航天器都放在一起,并对其共同的或均有的故障模式进行统计分析。该方法存在的问题是假设失效时间为iid可能不符合实际,且共同故障模式的可靠性结果可能无法精确反映特定某一类型航天器的可靠性。考虑到目前已经发射的航天器数目相对而言仍不是大样本(几千个),且从前面章节可知航天器已经相当可靠,在轨故障数目很少,对数据的特例分析来说数目极其有限。例如,对航天器平台来说,可用的样本数量很少,因此严重限制了对其进行可靠性统计分析。本章对这些故障数据进行专业的和详细的分析,样本的数量以及故障发生统计量仍保持进行统计分析的合适的范围,但是分析结果比前面章节中基于共同的工作模式统计分析结果更加具体和明确。本章首先依据航天器的质量等级进行专业化数据归类分析,然后依据质量-轨道等级,针对这些不同类型的航天器推导了其非参数和参数可靠性结果。

从统计或者精确计算的角度看,航天器的几种参数或者特征量,如复杂性、仪器数量或者功率等,能够潜在地影响航天器的故障概率或者与航天器故障概率具有相关性。由于这些参数也可能因航天器尺寸的变化而不同,并且质量是航天工业考虑的主要因素之一,因此本章首先将对航天器质量与可靠性之间的关系进行探究,且研究由质量定义的不同等级的航天器是否存在不同的可靠性

---

① 本章内容是作者和 Gregory F.Dubos、Thomas Hiriart、Jarret M.Lafleur 合作完成。本章部分内容根据两篇论文:一篇发表在 *Acta Astronautica*(Dubos 等人,2010),另外一篇是在 2009 年国际航天代表大会(2009 International Astronautical Congress)(Hiriart 等人,2009)上出版的论文。

剖面。接下来解决如下问题:航天器的不同质量与不同在轨故障模式之间是否存在关联关系;小的航天器与大的航天器是否存在不同的在轨故障模式及不同的可靠性剖面,更全面地说,不同等级类型的航天器(依据质量)是否有不同的可靠性剖面。

工业界已经意识到了航天器质量与可靠性之间可能的关系,但还未对其数据进行专门的统计研究工作。虽然这种关系的直观趋势已经讨论过,但是往往产生矛盾和冲突的结果。一方面,在航天器上利用冗余设计来改进可靠性必然会导致质量增加(Hecht,1999);另一方面,长期以来一直认为复杂性的增加(可认为是质量增加导致的)是可靠性下降的一个影响因素。这种由复杂性增加会导致可靠性降低的现象已经在"阿波罗"项目中得到了证明:例如登月舱推进系统中提供压力和可贮存推进剂两者共用一套点火系统和旁路泵,这会导致质量和复杂性下降,最终使可靠性水平上升(Williamson,2006)。此外,Bearden(2003)的研究工作也指出,NASA 航天器的故障更可能的特征是高复杂因素(作者将其定义为包括航天器质量的技术因素平均值),而不是较低的复杂度。另外,Fleeter(1999)研究了一种简单的航天器可靠性模型 $R = R_0^n$,其中 n 为组件数目即名义上的质量规模,R_0 为每一个组件的可靠性。基于这个关系,作者认为使用相同质量的零件,因为 n 值更小,所以小的航天器比大的航天器更可靠。正如 Sarsfield(1998)指出的,与可靠性相关的系统尺寸的问题将航天器群体分成两部分:一种是小组件、串联,即简单系统;另一种提倡利用更多冗余的更大的系统。

基于以上背景,本书提出数据驱动方法来定量地解决这个问题,并分析了航天器质量与可靠性之间的关系。最后,基于质量等级分类的卫星统计可靠性分析首次在本章应用,研究了不同等级类型的航天器是否存在不同的故障模式和可靠性剖面。以上的分析基于一个研究思想,即航天器可靠性与其质量等级有关,但并不是假定质量本身是在轨失效的原因。

本章余下部分安排如下:4.2 节介绍了依据质量对航天器的分类标准和分类;4.3 节利用 Kaplan-Meier 估计方法对每一等级类型的航天器可靠性进行非参数分析,分析过程中考虑数据的截尾特性,且每一质量等级的航天器都定义了不同的可靠性剖面;4.4 节提供了参数拟合方法,将极大似然估计步骤应用到单威布尔分布和双威布尔混合分布中;4.5 节介绍并讨论了数据例化的其他方面,也就是从航天器轨道对数据进行专业化处理;4.6 节和 4.7 节提出了新的基于航天器质量-轨道等级的非参数及参数分析;最后,除了已得到的可靠性结果;4.8 节提出了一种假设,作为解释不同质量-轨道等级的航天器可靠性和故障不同之处的可能的原因。

4.2　质量等级分类和数据描述

本章故障数据来源的数据库和第 2 章中所介绍的数据库一样,关于数据库的说明前面章节已经论述,本章不在赘述。本章也是采用服从 I 型故障的数据库进行卫星可靠度计算,I 型故障是指航天器因为使其完全失去功能而退役的故障类型。对样本中的每一个航天器收集以下信息:航天器初始设计的质量;发射日期;如果发生故障,故障日期;设计寿命;如果没有故障,则确定其截尾时间。分析所需的数据收集模板和样本数据见表 4.1。

表 4.1　数据采集模板以及航天器可靠度统计分析的样本数据

样品单元	最初质量/kg	发射日期	故障日期 （发生故障）	设计寿命/年	截尾时间 （没有故障）
卫星 1	1500	2005 年 11 月 6 日	—	5	2008 年 10 月 2 日
卫星 2	480	2002 年 3 月 1 日	—	3	2005 年 3 月 1 日
⋮	⋮	⋮	⋮	⋮	⋮
卫星 1394	2600	2005 年 4 月 26 日	2006 年 3 月 28 日	15	—

收集完数据以后,将航天器划分为不同的质量等级,依据质量对航天器进行分类已经应用在航天工业中。Sarsfield(1998)指出,对于小卫星而言,尽管在过去 20 年里该名词得到了广泛传播,但是其实并没有明确的官方定义。作者进一步指出,萨里大学的卫星工程研究中心将质量在 100~500kg 之间的航天器定义为微型航天器。类似地,Flaater(1999)提出,在 1991 年至 1995 年发射的一系列航天器,其质量在 425kg 以下,则认为是小型航天器。美国国家科学研究委员会的航空航天工程部建立了小型航天器技术专家组(1994),将小型航天器定义为"质量接近或小于 600kg"。在本书中,对小型航天器采用更通用的定义,即质量在 0~500kg 之间(Sarsfield,1998)。该范围参考了关于航天器设计的 ANSI/AIAA 指南(1992)中的 AW 和 BW 分类。该指南做了更进一步的分类,即 500~2500kg 与 CW 类别对应,超过 2500kg 则归入最后的 DW 类。

基于前面的论述,本书中分析所需的航天器按质量等级的分类如表 4.2所列。

表 4.2　航天器基于质量等级的分类

航天器最初的质量/kg	航天器的等级	示　　例
0~500	小型(S)	FAST,JASON,NANOSAT 01
500~2500	中型(M)	TOPEX-POSEIDON,GPS NAVSTAR II-06
>2500	大型(L)	DirecTV 1R,HOTbird 8

将无法获得质量与轨道信息的航天器从样本集中移除后,样本中还剩下 1394 个航天器,其中 382 个属于小型航天器,546 个属于中型航天器,466 个为大型航天器。

4.3 基于质量分类的航天器可靠性非参数分析

利用第 2 章所述的 Kaplan-Meier 估计法对按照质量分类重组后数据进行处理,得到了针对每一质量分类的航天器的 Kaplan-Meier(K-M)分布图,如图 4.1 所示。图 4.1 非参数结果的数据表格形式见表 4. A. 1。

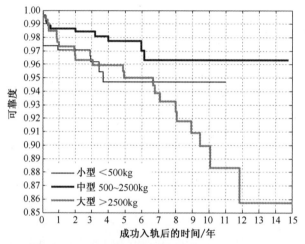

图 4.1 不同质量等级航天器可靠度的 K-M 图

由图 4.1 可以看出,一颗中型航天器(500 ~ 2500kg)发射成功,在轨运行 3 年以后的可靠度下降到初始可靠度的 98% 左右。

$$\hat{R}(t) = 0.981 \quad (3.195\ \text{年} \leqslant t < 3.992\ \text{年})$$

更准确地说,在轨运行 2 年以后,小型航天器(500kg 以下)和大型航天器(2500kg 以上)的可靠度都会下降到只有初始可靠度的 97% 左右。运行 10 年以上,大型航天器可靠度下降到 88.3%,小型航天器可靠度下降到 94.7%,中型航天器可靠度下降到 96.3%。因为选择在航天器的设计寿命末期对其进行审查,所以在图 4.1 中每一条线都是基于航天器的设计寿命进行计算的。例如,一些小航天器的设计寿命能够达到 11 年之久。关于 3 种不同质量等级航天器在故障趋势上的不同之处可从图 4.1 观察得出:

(1)早期故障:小型航天器(质量小于 500kg)在进入轨道后的第 1 个月后,其可靠度会有明显的下降。例如,在进入轨道 6 个月以后,其可靠度会下降到

97.4%。小型航天器所经历的明显的早期故障行为在大型航天器中也存在,但是严重程度较低。实际上,对于其他两个质量等级的航天器,在入轨后前期的可靠度下降是比较缓和的。如在进入轨道 6 个月以后,大型航天器的可靠度仍保持在 98.5%,中型航天器可靠度约为 98.7%。

(2) 入轨 6 个月以后,3 个质量等级的航天器之间早期故障存在比较显著的特点,中型和小型航天器存在相似的故障行为,1~3 年的可靠度下降比较小。3 年以后,小型航天器的可靠度下降比较显著,然而中型航天器仍保持着较高水平的可靠度。

(3) 小型与中型航天器的可靠性水平在较长的时间内保持不变,小型航天器在 3.7~11 年可靠度保持在 94.7%,中型航天器在 6.1~14.8 年可靠度保持在96.3%。该结果与未考虑两种质量等级的航天器 Ⅰ 型在轨故障的情况保持一致。在本样本中非参数可靠度在该部分的结果不是人为造成的降低,因为航天器已经达到其设计寿命,并且被从样本中移除:在 3.7 年后记录的故障中,有127 个航天器属于小型航天器;在 6.1 年后记录的故障中,有 137 个航天器属于中型航天器。

(4) 耗损故障期:大型航天器(质量大于 2500kg)在 6.5 年以后存在明显的耗损故障期,其可靠度下降显著。根据在成功入轨 6.5 年以后可靠度曲线的变化所反映的情况,对于大型航天器,其可靠度的下降比第一个 6.5 年更为明显。

(5) 在所分析的 1394 个卫星样本中,中型航天器的可靠性水平最高,其可靠度在观测范围内始终保持在 96.3%以上。

由图 4.1 得到的重要结论是,不同质量等级的航天器有不同的可靠度剖面和故障模式。另外,图 4.1 指出质量更小(或更大)的航天器其可靠性更高(或更低)的说法是不恰当的,即在没详细规定航天器成功发射入轨的时间范围的情况下不能得到该结论。一旦确定了时间范围,如入轨 7 年以后,小型航天器比大型航天器更可靠。

4.4　基于质量分类的航天器可靠性参数分析

如前面章节所述,非参数分析功能强大,因为基于非参数统计的可靠度的计算过程不用强制去适应任何提前定义的寿命分布。然而对于不同情况下的可靠性分析,非参数模型的这种灵活性使得可靠性分析既不简单也不方便,而在工程设计中经常会遇到这种情况。相反,利用参数分析可以对一些故障发生趋势和故障模型进行更准确的定义。本节将基于威布尔分布提出两种参数分析方法对前面讨论的不同质量等级类型的航天器进行可靠性建模分析。更多关于威布尔

分布的内容参见第3章。本节首先利用威布尔分布拟合基于极大似然估计得到
3种非参数可靠性结果。这些单威布尔参数拟合结果相对于非参数基准可靠度
存在大约1%的平均误差,便认为这个准确度是可以接受的。但是,从本节的研
究目的出发,这些结果还不够精确,因为它们忽略了一些不同质量等级引起的特
定故障趋势。因此本章对非参数估计的结果进行威布尔混合分布的拟合,并通
过对比分析证明这种参数拟合在精度上有显著提高。

4.4.1 单威布尔拟合的极大似然估计

极大似然估计的详细过程及其推导分析参见第3章。利用极大似然估计对
航天器可靠度进行非参数拟合,得到不同质量等级的航天器可靠度如图4.1所
示。同样,利用极大似然估计法对不同质量等级的航天器进行威布尔参数拟合
的结果如表4.3所列。

下面以中型航天器为例进行分析,在给定式(3.3)和表4.3中参数的前提
下,航天器的非参数可靠度可由下面的威布尔拟合得到最佳近似:

$$R_{\text{Medium}}(t) = \exp\left[-\left(\frac{1}{18215.6}\right)^{0.4492}\right] \tag{4.1}$$

由极大似然估计得到形状参数值 β = 0.4492 及比例参数值 θ = 18215.6年。

对于 β < 1 的情况,由表4.3中的航天器可靠性威布尔拟合可知,对于每一
质量等级的航天器都存在早期故障。注意到当航天器质量增加时形状参数值也
变大(如0.2519 < 0.4492 < 0.6926)。该趋势与前面早期故障风险随着航天器
质量下降而升高的结论是一致的,可在非参数可靠性曲线中观察得到[1]。

表4.3　不同质量等级航天器威布尔参数拟合的极大似然估计值

质量等级	β	θ/年
小型(≤ 500kg)	0.2519	893150.6
中型(500~2500kg)	0.4492	18215.6
大型(> 2500kg)	0.6926	273.0

图4.2给出了3个质量等级航天器极大似然估计威布尔拟合结果和非参数
可靠度曲线。图中只给出每一质量等级的航天器基于单威布尔拟合的最后故障
时间,小型航天器为3.7年,中型航天器为6.1年,大型航天器为11.8年。

图4.2证明采用极大似然估计参数(表4.3)结合威布尔拟合的方法能够很

---

① 也有文献声明Kaplan-Meier估计并没有对次数大于最后观测到的故障次数情况的
进行定义(Kalbfleisch 和 Prentice,1980)。尽管这个声明还存在着一定的争议,但是本章
图4.2以及本章其他部分的误差分析都遵循了该假设。

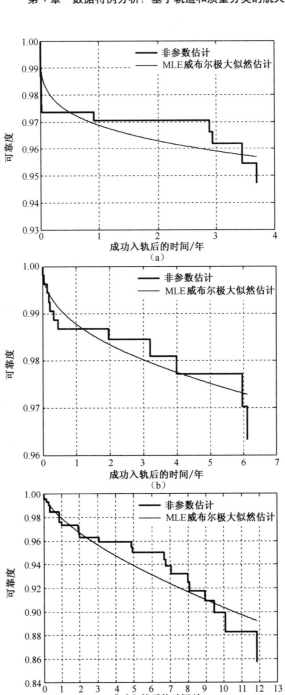

图 4.2　3 类不同质量等级航天器的非参数可靠度以及单威布尔拟合可靠度值
(a)小型；(b)中型；(c)大型。

好地拟合大型航天器非参数可靠度。评价威布尔拟合效果优劣的一个标准是威布尔参数拟合的可靠度值与非参数可靠度(可靠度基准值)之间的平均误差。例如,对于大型航天器,非参数可靠度曲线和威布尔拟合之间的平均误差为0.93个百分点,这个结果对于威布尔分布来说精度是足够的。表4.4给出了3种质量等级航天器非参数可靠度与威布尔拟合可靠度之间的平均误差。

表4.4 各类质量等级航天器的非参数可靠度以及基于极
大似然估计威布尔拟合的可靠度之间的误差

质量等级	平均误差/%
小型(≤500kg)	0.5287
中型(500~2500kg)	0.2213
大型(>2500kg)	0.9298

表4.4表明,对于任一质量等级航天器来说,单威布尔拟合可以为其对应的非参数可靠度提供合理的近似,使其平均误差保持在1%以内。然而,对于本章求解航天器可靠度的目的来说,这些结果还不够精确,因为在考虑不同的质量等级的过程中忽略了一些特有的故障模式。由图4.2可看出,对于大型航天器,参数拟合的可靠度并不与非参数可靠度保持精确的一致,尤其是在3~8年之间,在9~15年之间明显有不同的故障模式,这些情况并没有在单威布尔模型加以考虑。由非参数曲线在6.5年附近的凸点可看出存在不同的故障模式,这也反映了在轨6.5年以后的耗损故障及可靠度快速下降的趋势或可靠性退化。为提高参数模型的精度,下面提出混合分布模型。

4.4.2 混合分布

混合分布可以基于一些典型分布如指数分布、威布尔分布或对数正态分布的线性组合生成。本节将威布尔分布作为参数计算的基础来推导不同质量等级航天器非参数可靠度的混合分布。第3章已经给出了双威布尔混合分布参数可靠性模型,其中也给出了k混合分布的通用表达式。本章在计算时选定$k=2$,因为通过后面的内容可知,当$k=2$时,得到的双威布尔混合分布拟合的结果更加精确,并且该混合分布在不同失效模式中与非参数拟合结果保持较好的精确性。值得注意的是,k并不是越大越好,k的增大并不能带来结果精度的增加。

利用3.5.1节描述的极大似然估计法对于不同质量等级航天器的双威布尔混合分布参数拟合出了最好的模型,结果如表4.5所列。

表4.5　不同质量等级航天器的双威布尔混合分布拟合结果

参数	质量等级		
	小型(≤500kg)	中型(500~2500kg)	大型(2500kg)
α	0.9767	0.0128	0.9287
β_1	0.1934	1.0355	0.5190
β_2	12.5207	1.5336	5.5732
θ_1	148374133.33	0.20	1569.64
θ_2	3.45	103.08	10.33

利用表4.5中的适当参数,大型航天器的可靠性模型可依据式(3.21)给出:

$$R(t) = 0.9287\exp\left[-\left(\frac{t}{1569.64}\right)^{0.5190}\right] + 0.0713\exp\left[-\left(\frac{t}{10.33}\right)^{5.5732}\right]$$

$$(4.2)$$

对于小型及大型航天器,混合分布既包含单威布尔分布存在早期失效的情况($\beta_1 < 1$),也包含另一种单威布尔分布存在增长故障率的情况($\beta_2 < 1$),相当于耗损故障。

对于3种质量等级的航天器,利用双威布尔混合分布拟合得到的可靠度值能够与非参数可靠度保持较好的精确性,如图4.3所示。

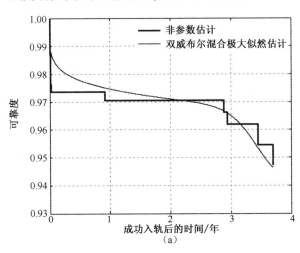

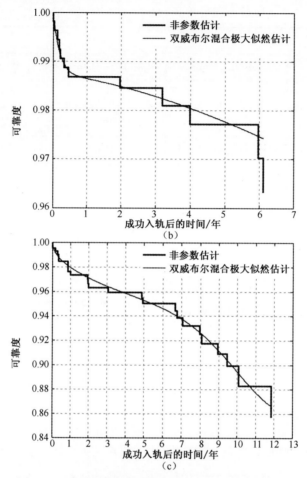

图 4.3　3 类质量等级航天器的非参数拟合可靠度以及

双威布尔混合分布拟合可靠度

（a）小型；（b）中型；（c）大型。

　　对单威布尔分布与双威布尔混合分布之间的准确性进行比较,用航天器的非参数可靠度作为基准可靠度,进行单威布尔分布模型拟合、双威布尔混合分布模型拟合分别与基准可靠度进行平均误差计算,得到的结果见表 4.6。

表 4.6　非参数可靠度与参数模型可靠度之间的误差

质量等级	平均误差/%	
	单威布尔分布模型	双威布尔分布模型
小型（≤500kg）	0.5287	0.3029
中型（500~2500kg）	0.2213	0.1107
大型（>2500kg）	0.9298	0.3600

由表 4.6 可看出，以航天器非参数可靠度作为基准可靠度进行描述时，双威布尔混合分布模型要比单威布尔分布模型更加精确。对于所有的质量等级类型，双威布尔混合分布的平均误差要比单威布尔分布的低 40%。另外，对每一质量等级，图 4.4 给出了非参数可靠度和参数模型之间的误差的分布，证明双威布尔混合分布拟合出的可靠度更加精确。

下面从每一质量等级类型航天器的故障率角度出发，简单回顾由双威布尔混合模型所展示出的趋势。

4.4.3　故障率

故障函数或瞬时故障率 $\lambda(t)$ 通过故障发生前概率密度函数和可靠性函数定义：

$$\lambda(t) = \frac{f(t)}{R(t)} \tag{4.3}$$

故障发生前概率密度函数和可靠性函数之间的关系为

$$f(t) = -\frac{\mathrm{d}R(t)}{\mathrm{d}t} \tag{4.4}$$

可靠性函数可通过故障率唯一确定，即

$$R(t) = \exp\left(-\int_0^t \lambda(t')\,\mathrm{d}t'\right) \tag{4.5}$$

另外，可推导得到每一质量等级航天器的参数可靠性函数，故障率为

$$\lambda(t) = -\frac{\mathrm{d}R(t)/\mathrm{d}t}{R(t)} \tag{4.6}$$

图 4.5 为通过双威布尔混合模型推导得到的 3 种质量等级航天器的故障率。为了便于结果的可视化，并且便于阅读，y 轴采用对数刻度，这里利用参数混合分布模型而不是非参数统计结果来分析。如图 4.5 所示，图(a)通过利用 x 轴对数刻度使得小的时间尺度内即可较好地观察出故障率。

图 4.5(a)坐标刻度显示，在刚入轨服役阶段小型航天器的故障率要比中型和大型航天器的高。该结果反映了图 4.1 所示的小型航天器比大型航天器存在更多的早期故障的结论。此外，从图 4.5(b)刻度可知，小型航天器的故障率在 2~3.5 年是增长的，大型航天器在 4~10 年间也存在故障率增长的现象，这个现象可以参考耗损故障模式。中型航天器的故障率在大部分时间范围内都小于小型航天器和大型航天器故障率(图 4.5)，中型航天器具有较高的可靠性。

在下面章节中，除了考虑航天器的质量等级，在故障数据分析过程中加入了一个新的考虑因素——航天器的轨道类型。下面针对轨道对航天器可靠性的影

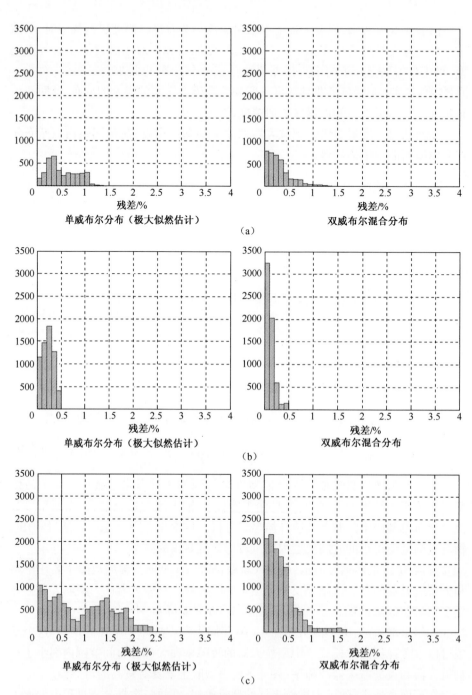

图 4.4　不同质量等级航天器的非参数可靠度与参数模型拟合可靠度之间的残差分布
(a)小型；(b)中型；(c)大型。

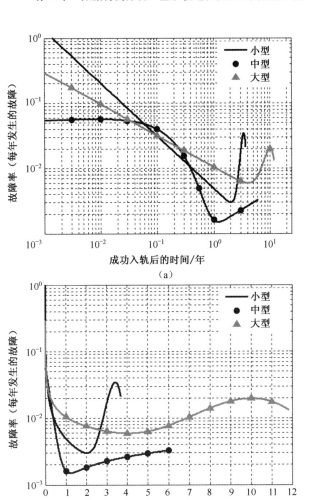

图 4.5 对 3 类不同质量等级航天器的双威布尔模型得到的故障率

响进行研究,重点是研究质量-轨道等级对航天器的影响,以及对非参数和参数
进行可靠性分析。

4.5 轨 道 特 性

如 4.1 节所述,航天器的故障概率与几种参数都有关系。由于不同的轨道
类型会使航天器的运行环境也不同,因此轨道类型对航天器的可靠性也有直接
影响。本章内容将探寻如下问题:在不同轨道的航天器是否存在不同的可靠性
及在轨故障模式;低地球轨道的航天器是否与地球同步轨道的航天器存在不同

的故障模式;对于不同轨道的航天器是否存在不同的早期故障行为。

接下来的内容考虑 4 种类型的轨道:

（1）低地球轨道（LEO）:远地点和近地点至 2000km 轨道高度。

（2）中地球轨道（MEO）:近似圆形轨道,远地点和近地点约为 20000km 轨道高度。

（3）地球同步轨道（GEO）:近似圆形轨道,远地点和近地点约为 36000km 轨道高度。

（4）椭圆轨道 ELLIPTICAL:前面 3 种轨道类型之外的一种偏椭圆轨道（如莫尼亚（Molniya）轨道）。

图 4.6 给出了每一个轨道上的航天器分布,总数超过 1394 颗,在 4.2 节中依据质量等级对其进行了分析。

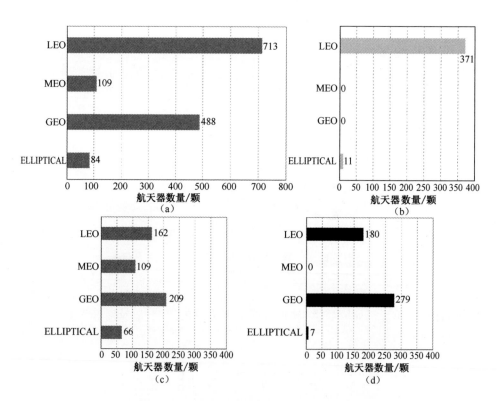

图 4.6　每一个轨道和质量等级下的航天器分布

(a)4.2 节选中的 1394 颗航天器的轨道;(b)小型航天器(共 382 颗);

(c)中型航天器(共 546 颗);(d)大型航天器(共 466 颗)。

由图 4.6(a)中可看出,本书考虑的航天器主要是:低地球轨道和地球同步轨道,前者占51%,后者占35%;中地球轨道占8%;椭圆轨道占6%。与依据质量等级进行的观察一致的是,由图4.6(b)~(d)可看出,大型航天器主要处于低轨道和同步轨道,小型航天器几乎全部处于低轨道。另外,由图4.6(b)~(d)可看出,低轨道航天器50%为小型航天器(余下的为中型与大型航天器各占1/2);在中轨道全部是中型航天器;在同步轨道,主要为中型航天器和大型航天器,分别占40%和60%。椭圆轨道上的主要是中型航天器。

在本章余下部分,依据下面的质量–轨道等级划分进行可靠性分析:小型–近地轨道(371 颗),中型–近地轨道(162 颗),中型–同步轨道(209 颗),大型–低轨道(180 颗),大型–同步轨道(279 颗)。其他的等级划分无法进行统计分析。

4.6　基于质量和轨道分类的航天器非参数可靠性分析

基于质量–轨道等级得到的数据依据 Kaplan-Meier 估计进行处理,每一等级航天器的可靠性 Kaplan-Meier 分布如图4.7所示。

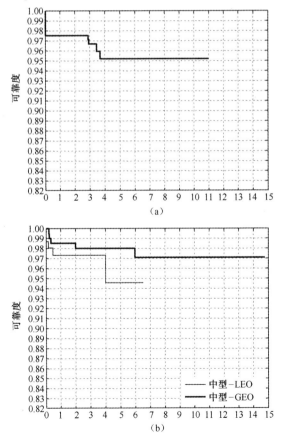

（a）

（b）

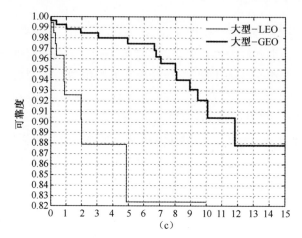

图 4.7　每一个质量–轨道等级航天器的非参数可靠度结果

(a)小型-LEO 卫星;(b)中型卫星;(c)大型卫星。

　　小型–低轨道航天器与 4.3 节中的小型航天器有相似的可靠性剖面,这是因为大部分的小型航天器都处于低轨道。例如,小型–低轨道航天器在轨的第 1 个月内其可靠度存在较大下降,降至 97.6%,然后在 2～4 年可靠度会有另一次较大的下降,降至 95%。

　　对中型和大型航天器在低轨道和同步轨道的可靠性趋势及其可靠度曲线进行比较之前,必须要申明的是统计假设($p<0.05$)。基于此目的,进行对数秩检验和 Wilcoxon 检验两个非参数统计假设测试。可参考 Lawless(2003)和 Kvam 及 Vidakovic(2007)了解这些非参数检测方法。在本节中的统计假设为在低轨道和同步轨道的任一等级航天器,中型和大型航天器有相同的可靠性函数。在中型–低轨道与中型–同步轨道曲线的对比中,由对数秩检验和 Wilcoxon 检验得到的 p 值分别为 0.2954 和 0.3605。由 p 的取值可明显看出,这种检验结果差异不是统计上显著的,所以假设不能被拒绝。因此,中型航天器不用考虑轨道,在接下来的章节中会进行详述。对于大型–低轨道与大型–同步轨道的数据曲线对比,p 值分别为 0.00006 和 0.0002,这说明假设应该被拒绝。因此,大型航天器在低轨道和同步轨道上有不同的故障模式。大型–低轨道航天器比大型–同步轨道航天器有更高的早期故障趋势,如图 4.7(c)所示。在轨 1 年后大型–低轨道航天器的可靠度下降到 92.6%,而大型–同步轨道航天器可靠度保持在 98.9%。然而,大型–同步轨道航天器在轨 6 年以后存在明显的故障行为,以可靠度下降来说,可靠度从第 6 年的 97.5% 下降到第 12 年的 87.8%。与本章前面内容对比,基于质量–轨道的数据专门化得到的结果包含了大型航天器在同步轨道的耗损故障和大型航天器在低轨道的早期故障。

4.7　基于质量-轨道分类的航天器可靠性参数分析

前面章节基于 4.6 节新的等级划分进行了航天器可靠性的非参数分析,本节将基于新的等级划分进行航天器可靠性的参数分析。首先利用极大似然估计推导威布尔拟合,然后讨论双威布尔混合分布。

利用极大似然估计推导得到的每一个质量-轨道等级航天器威布尔参数见表 4.7。

表 4.7　每一个质量-轨道等级航天器单威布尔分布的极大似然估计

质量-轨道等级	β	θ /年
小型-LEO	0.2514	1467278.9
中型	0.4492	18215.6
大型-LEO	0.7725	41.9
大型-GEO	0.9296	159.5

由表 4.7 可以看出,小型航天器和大型航天器在低轨道的形状参数 β 取值要小于它们在同步轨道的形状参数。该结果说明了对于小型航天器和大型航天器而言,低轨道比同步轨道有更高的早期故障风险。

本书前面提到过,如果仅仅用单威布尔分布模型去进行可靠度的拟合,则可靠度的精度不能满足要求,对于质量-轨道等级分类的航天器而言也一样。因此,本章同样建立混合分布模型来描述航天器非参数可靠度中观察到的不同的故障趋势。利用极大似然估计法来推导得到双威布尔混合分布模型,得到的参数见表 4.8。

表 4.8　每一个质量-轨道等级航天器双威布尔混合分布的极大似然估计

参数	质量-轨道等级			
	小型-LEO	中型	大型-LEO	大型-GEO
α	0.9759	0.0128	0.9559	0.9057
β_1	0.1822	1.0355	0.7840	0.4154
β_2	12.4386	1.5336	1.4070	5.0600
θ_1	1167882377.03	0.20	65.82	465551.01
θ_2	3.45	103.08	1.04	10.21

为了更方便对各个等级航天器的可靠度进行对比,将中等级航天器的可靠度复制在该表中。对于所有的质量-轨道等级,利用双威布尔混合分布得到的新参数模型的可靠度与非参数可靠度有较好的近似性,如图 4.8 所示。

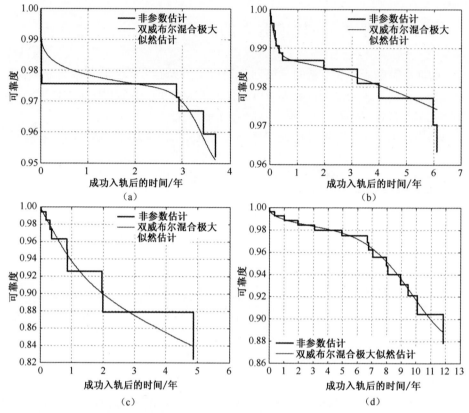

图 4.8　每一个质量–轨道等级航天器非参数可靠度和双威布尔模型可靠度结果对比

(a)小型-LEO 航天器；(b)中型航天器；(c)大型-LEO 航天器；(d)大型-GEO 航天器。

图 4.8 中非参数可靠度的表格型数据见本章附录部分内容。单威布尔分布和双威布尔混合分布的精度改进见表 4.9。

表 4.9　每一个质量–轨道等级航天器的非参数和参数可靠度模型的误差

质量–轨道等级	平均误差/%	
	单威布尔分布	双威布尔混合分布
小型-LEO	0.5854	0.3120
中型	0.2213	0.1107
大型-LEO	1.6630	1.3900
大型-GEO	1.0285	0.2985

4.8　故障现象的解释

从统计或者精确计算的角度来说,前面的分析证明了不同尺寸和不同轨道的航天器存在不同的故障行为,但是并没有找到导致这些不同故障行为的原因。造成这些不同的可能原因包括航天器发射前测试,航天器零部件的采购和选择,与航天器系统设计有关的内在因素以及空间环境有关的因素,下面对这些因素进行讨论。本章接下的讨论将提出一些假设,并针对性地对这些假设进行分析以确定是否合理。尽管这些分析超出了本研究的范围,但是这些分析将为航天工业中更进一步对航天器可靠性进行深入研究提供一定的基础。

4.8.1 测试

一般来说,在测试环节把大量预算分配给更大的任务时,小型航天器就没有多大优势。因为资源约束可能会限制在小型航天器上进行的测试范围。这些限制包括测试的方法、设备、设施,如对航天器进行测试的热真空室一直以来都忽视航天器尺寸的区别。对于小航天器,由于预算的限制,就不可能进行大范围的测试。测试方法,如老化试验,在适当的应力水平和合适的环境条件下,对于消除潜在缺陷和早期故障有重要意义。小型航天器具有更高的早期故障概率可能是因为在测试中对产品最终质量控制不够好,没能将潜在的早期故障检测出来并消除。换句话说,对于小型航天器不够严格和彻底的测试是导致其早期故障比大型航天器多的可能原因。

4.8.2 部件的采购和选择

对于小型航天器来说,资源和经费的限制是航天器设计中越来越多采用商用货架产品的主要原因。然而商用货架产品必须进行一系列的测试才能使其适应空间环境,而且其频繁使用也会导致可靠性的变化。相对于传统的航天供应产品,商用货架产品电子部件抗辐射的能力比较弱,因此对空间环境中的高能粒子更加敏感。部件本身的易损性加上单粒子效应作用于自身,会影响存储以及电力装置或控制逻辑装置,最终可能导致航天器发生故障。

此外,商用货架产品的操作温度范围比较窄,并不能适应空间环境的严酷要求。由于货架产品并不是专门为此设计的,除非进行严格的测试,达到测试要求,否则会在空间环境的严酷条件下更容易损坏。除了温度,湿度也是导致电子元器件状态变化的另一种环境因素。例如,塑封微电路就是因为其价格和可用性较好,在空间设施中应用广泛。然而,塑封微电路也有一个不好的地方就是比传统的密封微电路更容易受吸潮的影响。因此,如果没有开展相应的测试或者没有做好相应的保护措施就可能会产生潜在的可靠性问题。

简而言之,由于对货架产品的使用范围的不同导致小型航天器与大型航天器故障行为发生的不同,这种差异在航天器暴露在空间环境中的初期表现得更为明显。

4.8.3　直接与航天器系统设计有关的因素

小型航天器的质量和几何尺寸等方面的约束也可能潜在影响航天器的故障发生：

（1）小型航天器对重量有严格的要求，因此在设计上不能像大型航天器一样有很多的冗余备份。在进行小型航天器系统设计时经常是串联设计，一个简单的故障或者异常行为也可能导致航天器的彻底失效。

（2）小型航天器的设计要求更大的封装密度，可能会导致一些部件温度过高，使故障的风险增加。

（3）与大型航天器相比，小型航天器只能提供更小的遮蔽空间，因此小型航天器更多地暴露于空间环境而受到累积辐射的影响。影响包括：总剂量效应，会影响电容、变压器等，导致漏电流以及门限电压的变化；非电离辐射如位移损伤剂量，使太阳能电池性能下降。由于能够提供的遮蔽空间较小，所以难以抵抗位移损伤剂量的影响。小型航天器没有足够有效的遮蔽，因此更容易发生辐射造成的故障。

能够潜在影响大型航天器的故障行为的因素包括下述内容：

（1）按照设计原理制造出更大规模的航天器子系统以达到大型航天器的要求会带来技术上的挑战，因此也会导致在其较小的部件中没有表现出来的故障行为。例如，更大、更重的航天器会承受比小型航天器更大的结构载荷和电载荷，电力系统产生热也会加快部件的性能下降。该现象会导致大型-同步轨道航天器经历更严重的耗损故障，并且会导致在轨6年服役后其可靠性较大幅度下降。

（2）大型航天器本身的复杂性可能也会导致一些早期故障。大型航天器包含多种部件和子系统，有密集的布线和较大的表面积，因此与小型航天器相比有更多的潜在故障点。由于子系统间的联系增多，一体化程度更加高，这反过来会导致人为失误的增多，在轨大型航天器早期的故障即是由此造成。

4.8.4　空间环境相关的因素

对处于不同轨道的航天器来说，空间环境是引起故障行为不同的一个重要的随机因素。空间环境影响航天器故障的方式及其最后的可靠性讨论如下：

1. 高层大气

空间环境的低轨道与同步轨道的一个重要区别是在低轨道环境存在稀薄的大气。航天器轨道及其服务寿命受高层大气的影响，如大气阻力和产生高温热量，以及200~600km高空大气中存在的氧原子的影响。在120~600km之间，大气阻力是影响航天器轨道的重要参数。对于航天器而言,若想长时间处于固定的轨道上,则必须将其抵消。大气阻力不是航天器故障乃至失效的直接原因,却会加速航天器的退役。大气阻力还会使一些在其他情况下很小的故障变得严重。例如,高度控制、推进或者通信子系统故障都会导致航天器的失效。地面的修复团队的反应时间窗口也会由于大气阻力的存在而缩短。与高层大气相关的因素会影响低轨道环境的一些失效机理,因此也会导致航天器故障行为不同以及可靠性下降。

2. 等离子体和电弧

在低轨道和同步轨道,航天器穿过等离子体并带上负电压,因此会产生静电放电或者产生电弧破坏元器件表面,或者通过由电弧引起的电磁干扰破坏电子元件。在低轨道和同步轨道环境会存在不同类型的等离子体:在低轨道的等离子体是稠密且低能量的,在同步轨道的等离子体是稀少但是高能的。这些不同导致不同的放电机理,因此导致不同的故障行为和可靠性的下降趋势。尤其当航天器运行过程中从隐蔽期进入太阳风暴时,放电现象是同步轨道航天器需要考虑的一个主要问题。读者如对更多细节感兴趣,可参考 Katz 等人(1998)、Ferguson 等人(1999)和 Frezet 等人(1989)。

3. 辐射

在不同的轨道上会存在不同类型及能量的辐射,由此也可以解释在不同轨道的航天器其可靠性不同。然而在不同轨道上影响航天器可靠性的这些因素目前并不能确定,但是值得去研究和辨别确认。例如,Van Allen 辐射带主要由地球磁气圈带电粒子构成,对低轨道航天器存在影响,偶尔也会对中轨道航天器产生影响(Schulz 和 Vampola,1999)。其对航天器故障的不同影响表现在:一方面,其累积剂量会导致航天器不同的故障行为;另一方面,它们的存在可为低轨道航天器提供保护,使其免受太阳辐射高能粒子和宇宙射线的破坏,因此避免其他特殊的故障行为。太阳粒子与太阳耀斑的出现有关,太阳粒子能够持续几小时至几天,会对太阳能电池阵列或者电子光学传感器产生影响。上述提到的空间环境因素会导致航天器电子器件发生单点故障或失效(Blake,1999),以及航天器不稳定或失效。

4. 温度及电力循环

除了前面的空间环境影响,对于低轨道航天器和同步轨道航天器另外一个重要的不同点是它们经历暗面的频率和范围不同。例如,一个典型的近地轨道航天器沿轨道一圈会经历一次暗面,一天经历 15 次,大概每次有 36min 处于阴影中,然而对于同步轨道航天器 1 年经历两个 45 天暗面期,每天不超过 72min。该高低温循环对热控子系统和电力子系统有影响:白天期间和暗面期间,航天器所经历的温度变化范围大,需要在使用太阳能和蓄电池之间转换。热膨胀和收

基于统计的航天器可靠性和多态故障分析

缩会使元件产生疲劳,进出暗面会影响电池的使用。温度和电力循环导致在低轨道和同步轨道上的航天器故障行为不同,前者比后者在寿命期内要经历更多次的电力和温度循环。

4. A 附录 表格数据及置信区间分析

4. A.1 图4.1和图4.8非参数可靠度结果的表格数据

表4. A.1 图4.1非参数可靠度结果的表格数据

小 型		中 型		大 型	
失效时间 t_i /年	$\hat{R}(t_i)$	失效时间 t_i /年	$\hat{R}(t_i)$	失效时间 t_i /年	$\hat{R}(t_i)$
0.0027	0.9921	0.0055	0.9982	0.0027	0.9979
0.0082	0.9869	0.0329	0.9963	0.0192	0.9957
0.0110	0.9816	0.1451	0.9944	0.1752	0.9931
0.0137	0.9763	0.1862	0.9925	0.2930	0.9905
0.0246	0.9737	0.2163	0.9906	0.3504	0.9877
0.9144	0.9705	0.3368	0.9887	0.3587	0.9850
2.8830	0.9663	0.4572	0.9867	0.8460	0.9821
2.9377	0.9620	1.9767	0.9845	0.8597	0.9792
3.4387	0.9546	3.1951	0.9809	0.8679	0.9764
3.6879	0.9471	3.9918	0.9772	0.9966	0.9734
		5.9713	0.9703	1.9192	0.9701
		6.1246	0.9633	1.9521	0.9667
				1.9822	0.9633
				3.0719	0.9593
				4.8679	0.9548
				4.9199	0.9503
				6.6502	0.9445
				6.7680	0.9386
				7.0637	0.9323
				7.9863	0.9252
				8.0684	0.9178
				8.9473	0.9092
				9.4593	0.8995
				10.0862	0.8831
				11.8385	0.8572

60

表 4.A.2 图 4.8 非参数可靠度结果的表格数据

小型-LEO		中型		大型-LEO		大型-GEO	
失效时间 t_i/年	$\hat{R}(t_i)$	失效时间 t_i/年	$\hat{R}(t_i)$	失效时间 t_i/年	$\hat{R}(t_i)$	失效时间 t_i/年	$\hat{R}(t_i)$
0.0027	0.9921	0.0055	0.9982	0.0192	0.9944	0.0027	0.9964
0.0082	0.9869	0.0329	0.9963	0.1752	0.9849	0.3504	0.9927
0.0110	0.9816	0.1451	0.9944	0.2930	0.9745	0.9966	0.9888
0.0137	0.9763	0.1862	0.9925	0.3587	0.9631	1.9192	0.9847
0.0246	0.9737	0.2163	0.9906	0.8460	0.9508	3.0719	0.9802
0.9144	0.9705	0.3368	0.9887	0.8597	0.9384	4.9199	0.9751
2.8830	0.9663	0.4572	0.9867	0.8679	0.9258	6.6502	0.9688
2.9377	0.9620	1.9767	0.9845	1.9521	0.9026	6.7680	0.9624
3.4387	0.9546	3.1951	0.9809	1.9822	0.8789	7.0637	0.9557
3.6879	0.9471	3.9918	0.9772	4.8679	0.8239	7.9863	0.9481
		5.9713	0.9703			8.0684	0.9403
		6.1246	0.9633			8.9473	0.9313
						9.4593	0.9212
						10.0862	0.9044
						11.8385	0.8778

4.A.2 置信区间分析

Kaplan-Meier 估计提供了可靠度的极大似然估计,但是不能给出可靠度估计的分散性。该分散性在 95% 的置信区间内,可参考第 2 章置信区间的内容。质量等级划分的置信区间见表 4.A.1,质量-轨道等级划分的置信区间见表 4.A.2。

表 4.A.1 显示,在入轨 5 年后中型航天器的可靠度下降至 96.3%～99.2% 的可能性为 95%。另外,对于小型航天器在 $t=5$ 年时的 Kaplan-Meier 结果为 $\hat{R}(t=5)=94.7\%$。注意到 $R(t)$ 的分散性随着时间而增加。从表 4.A.1 和表 4.A.2 中 Kaplan-Meier 可靠度结果和置信区间曲线之间距的增大可以看出分散性的增加。该现象说明了不确定性的增加或者随着航天器样本数量的下降,其可靠性统计分析准确性的下降。

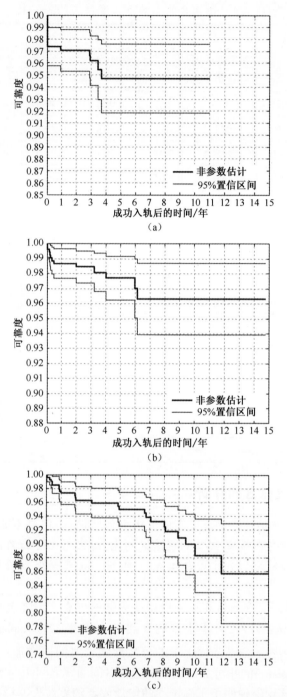

图 4. A. 1 不同质量等级 95% 置信区间下航天器非参数可靠度

(a)小型航天器;(b)中型航天器;(c)大型航天器。

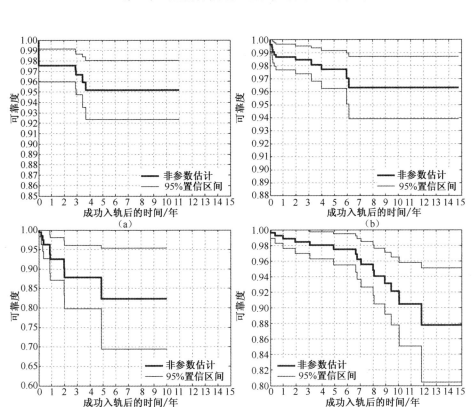

图 4. A. 2　不同在轨质量等级 95% 置信区间下航天器非参数可靠度

（a）小型-LEO 航天器；（b）中型航天器；（c）大型-LEO 航天器；（d）大型-GEO 航天器。

第5章 航天器子系统可靠性①

本章把前几章中对航天器的可靠性统计分析扩展到航天器包含的子系统,也就是说,将可靠性分析的工作从系统级别变到子系统级别。对航天器的子系统进行故障分析,并且得到各个子系统的非参数和参数可靠性模型及可靠度。本章还将讨论两个更普遍的问题:一是不同的航天器子系统的可靠性特性是什么? 二是对于形成航天器的整体故障来说,每个子系统的作用是什么? 第二个问题的答案包含了从工程实际角度对不同子系统的故障比较分析,同时对引起航天器系统不可靠的子系统的确认。本章的研究结果将有助于航天器制造商在制造过程中对容易出故障的子系统进行重点关注,通过对这些子系统的质量把控,增加测试来提高飞行器的可靠性。

本章结构:5.1 节对航天器的各个子系统进行确定;5.2 节对航天器各个子系统的故障数据进行非参数分析;5.3 节根据故障数据拟合分析得到威布尔分布;5.4 节对比分析航天器的每个子系统对整体故障的作用。

5.1 明确航天器的各个子系统

对航天器子系统级进行故障数据分析的前提条件是在数据库中明确航天器的各个子系统(见 2.2 节关于数据库信息的讨论)。在数据库中可以明确如下航天器的子系统:

(1) 陀螺仪/传感器/反作用轮(后续统称为陀螺仪);

(2) 推进器/燃料(后续统称为推进器);

(3) 梁结构/天线操作机构/展开机构(后续统称为梁结构);

(4) 控制器;

(5) 机构/结构/热结构(后续统称为机构);

(6) 有效载荷设备/放大器/在轨数据处理器/计算机/转发器(后续统称为有效载荷);

---

① 本章内容根据作者发表在 *Reliability Engineering and System Safety* 上的论文(Castet and Saleh, 2009b)整理而成。

（7）电池；

（8）配电器；

（9）太阳电池阵展开机构（solar array deployment，SAD）；

（10）太阳电池阵驱动机构（solar array operating，SAO）；

（11）遥感、跟踪和指令发射器（telemetry，tracking and command，TTC）。

行波管（traveling-ware tube，TWT）将归类到子系统（6）中，如果由于太阳电池阵驱动故障引起太阳电池阵无法展开，则归类到子系统（9）中。

数据库中这个分类也非严格按照传统意义上航天器子系统进行的。例如，传统意义上，电池和配电器都属于电力源子系统（eletrical power subsystem，EPS），但是在引起航天器故障的数据中，它们被严格区分开。这样的话，一些类型的子系统故障能为航天器系统级故障而不是子系统级故障提供更准确的原因。需要注意的是，太阳电池阵展开机构是单次作用的子系统，更精确地讲应该是太阳电池阵是子系统的一个阶段。为了方便，将上述列出的所有条目都当作子系统。

对这些子系统更加详细的描述可以参考相关的航天器系统工程文献，如Fortescue 等人（2003）或 Wertz 和 Larson（1999）的著作。当引起航天器故障的子系统无法确定时，将这些故障统一放到数据库的"无法确定"一类中。在数据库中，只有子系统（3）不存在 I 类故障（见 2.2 节关于故障分类的讨论）。因此，接下来的研究只是针对剩余 10 个子系统以及"无法确定"的子系统。

5.2　航天器子系统的非参数可靠性分析

第 2 章对初始的 1584 个航天器样本做了统计分析。用 Kaplan-Meier 估计（式（2.10））对子系统进行故障数据的处理，可以得到航天器所有子系统可靠度的 Kaplan-Meier 图。另外，当式（2.12）和式（2.13）应用到样本所得的数据时，可以得到可靠度在置信度为 95% 的置信区间。航天器子系统在 95% 的置信区间非参数可靠性结果如图 5.1 和图 5.2 所示。

从图 5.1 和图 5.2 可以看出，以陀螺仪子系统为例，从图 5.1(a) 可以看出其在成功发射以后，该子系统进入轨道运行。在轨服役 4 年以后，其可靠度下降到近 99.5%。更精确地表示为

$$\hat{R}(t) = 0.9948 \quad (3.137 \text{ 年}(1146 \text{ 天}) \leqslant t < 5.385 \text{ 年}(1967 \text{ 天}))$$

也就是说，经过该时间的在轨运行，该系统的可靠度为 99.1% ~ 99.9%，这也是其 95% 的置信区间。

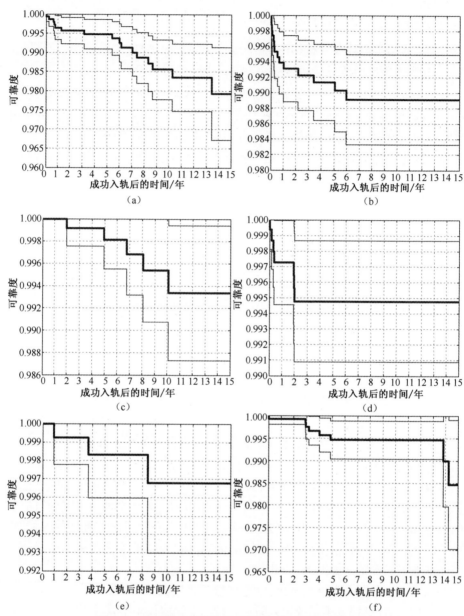

图 5.1 航天器子系统在 95% 置信区间下的可靠度图 1

(a)陀螺仪;(b)推进器;(c)控制器;(d)机构;(e)有效载荷;(f)电池。

——非参数估计 ——95%置信区间

对可靠度估计值 $\hat{R}(t)$ 及其置信区间的讨论同样适用于图 5.1 和图 5.2 中其他系统。例如,TTC 子系统(图 5.2(d))经过 8 年在轨运行后,其可靠度下降

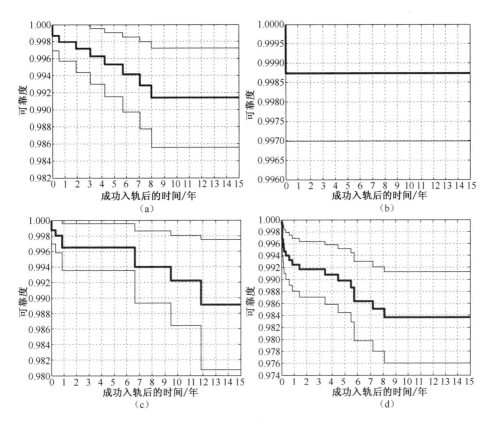

图 5.2 航天器子系统在 95% 置信区间下的可靠度图 2

(a)配电器;(b)SAD;(c)SAO;(d)TTC。

——非参数估计 ——95% 置信区间

到 0. 984,95% 的置信区间为 97. 6% 和 99. 1%。需要注意的是 SAD 子系统的非参数可靠度是一个常数,也是因为该子系统(确切地说是太阳电池阵子系统的这个节点)的"单点特性"。从这些非参数可靠度结果可以看出,航天器所有子系统都是非常可靠的,在经过在轨 15 年的运行后,其可靠度都能够保持在 98% 以上(在 95% 的置信区间下可靠度的下界高于 97%)。然而,前面章节述及,导致航天器可靠度在 80% ~90% 范围内发生故障的子系统大部分都是非常昂贵的,设计生产和发射需要花费数十亿美元,并且这些子系统都是无法通过物理手段接触,也就是说无法进行在轨维修。因此,提高这些航天器子系统的可靠度非常关键。图 5. 1 和图 5. 2 中的结果对容易发生故障的子系统有一个初步的判断和认识。需要说明的是,对于推进器子系统和 TTC 子系统而言,其早期故障可以通过强化测试过程来进行消除或减少。

5.3 航天器子系统的威布尔建模

本节将对航天器子系统可靠度建立威布尔参数模型。

前面章节的研究表明,威布尔分布比对数正态分布和指数分布更合适于航天器的可靠性建模。对于航天器子系统而言,可以得到同样的结论。图 5.3 是航天器推进器子系统可靠度的威布尔拟合图。

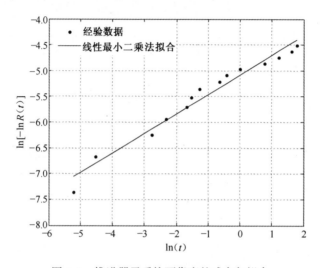

图 5.3 推进器子系统可靠度的威布尔拟合

图 5.3 中的数据点分布特点非常规律整齐①,表明威布尔分布能够很好拟合推进器子系统的可靠度(参考 3.2 节中对概率图和用途的说明)。对于其他子系统,也可以得到类似的结果。也就是说,对于航天器子系统而言,除了 SAD 子系统,其可靠度都可以用威布尔分布进行建模,用该分布进行拟合的好处将在接下来的章节进行讨论。

用 3.3 节中介绍的极大似然估计过程来对航天器各个子系统的可靠性模型中的威布尔参数进行极大似然估计,采用每个子系统的故障次数得到的威布尔分布的形状和尺寸参数如表 5.1 所列。

表 5.1 航天器子系统可靠度基于威布尔参数的极大似然估计

子系统	β	θ/年
陀螺仪	0.7182	3831

---

① 对于推进器子系统,其最小二乘拟合的判定系数 $R^2 = 0.9670$。

子系统	β	θ/年
推进器	0.3375	6206945
控制器	1.4560	408
机构	0.3560	2308746
有效载荷	0.8874	7983
电池	0.7460	7733
配电器	0.5021	169272
SAD	—	—
SAO	0.4035	1965868
TTC	0.3939	400982

从表 5.1 的结果可以看出,陀螺仪子系统可靠度的威布尔模型可以写成

$$R_{\text{Gyro}}(t) = \exp\left[-\left(\frac{t}{3831}\right)^{0.7182}\right]$$

其形状参数值($\beta = 0.7182$)和尺寸参数($\theta = 3831$ 年)是通过极大似然估计获得的。

需要说明的是,对于 SAD 子系统,无法得到其威布尔分布的各个参数值。前面已经讨论过,从图 5.1 也可以看出,SAD 是一个单点子系统,在此情况下对其进行威布尔拟合没有意义。然而对于航天器子系统分类中的"无法确定"类的子系统,同样可以用极大似然估计对其故障数据拟合其威布尔模型,其分布参数为:$\beta = 0.4011$,$\theta = 5836474$ 年。

从表 5.1 可以得到另一个重要的信息是,航天器的所有子系统中除了控制器子系统都会经历较严重的初期故障(因为形状参数 $\beta < 1$)。这个结论对于航天工业中的航天器设计应用具有重要作用,并且在产品设计中对航天器子系统进行可靠性增长试验提供重要依据。

图 5.4 为 TTC 子系统的非参数可靠度曲线(95%置信区间)和威布尔分布的极大似然估计模型的可靠度。

图 5.4 所示的结果也从图形上验证了表 5.1 中关于 TTC 子系统的威布尔分布参数能够很好地拟合出该子系统非参数的结论。对于航天器的其他子系统,也可以得到类似的结论和结果。拟合结果的质量可以通过这些子系统在轨运行 15 年后的非参数可靠度曲线和威布尔模型的最大误差及平均误差体现,结果见表 5.2。以 TTC 子系统为例,其非参数可靠度曲线和威布尔拟合结果的最大误差是 0.23%,平均误差是 0.10%,这个结果表明了对于双威布尔分布而言是非常高的精确度。

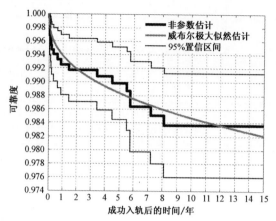

图 5.4 TTC 子系统的非参数可靠度和威布尔拟合

表 5.2 航天器子系统的非参数可靠度和威布尔可靠度的误差

子系统	最大误差/%	平均误差/%
陀螺仪	0.37	0.14
推进器	0.18	0.08
控制器	0.22	0.06
机构	0.21	0.07
有效载荷	0.09	0.03
电池	0.62	0.15
配电器	0.19	0.07
SAD	—	—
SAO	0.31	0.13
TTC	0.23	0.10

对于这个结果,提高精确性已经没有多大的必要。但是如果必须提高其精确度,也可以采用混合分布。

5.4 航天器子系统故障的对比分析

本节将对航天器的各个子系统的故障进行对比分析,得到引起航天器不可靠的子系统。具体而言,就是各个子系统对航天器整体故障的影响程度的一个量化。在此项分析工作中还加入了时间维度,也就是说,通过调查分析样本中的航天器各个子系统对航天器故障的相对影响程度对时间变化的情况,考虑时间对可靠度的影响。

令子系统 j 对航天器故障的贡献率为

$$r_j = \frac{子系统 j 引起的故障数}{航天器故障数}$$

对于数据库中确定的各个子系统 j，其导致航天器故障的概率为 $\hat{P}_{\mathrm{subsystem},j}$，可以通过 5.2 节中 Kaplan-Meier 估计法对航天器子系统的可靠度估计值进行求解，即

$$\hat{P}_{\mathrm{subsystem},j} = 1 - \hat{R}_{\mathrm{subsystem},j}$$

航天器的故障概率为

$$\hat{P}_{\mathrm{spacecraft}} = 1 - \hat{R}_{\mathrm{spacecraft}}$$

式中：$\hat{R}_{\mathrm{spacecraft}}$ 为航天器非参数可靠度的 Kaplan-Meier 估计（图 2.3）。

对于本书中提到的 $n = 11$ 子系统，如果这些子系统都是串联的（也就是说，如果航天器要正常运行，则每个子系统都要正常运行），那么子系统 j 对于航天器故障的贡献率可以写成

$$r_j = \hat{P}_{\mathrm{subsystem},j} \left[1 + \sum_{i=1}^{n-1} \frac{(-1)^i s_i}{i+1} \right] / \hat{P}_{\mathrm{spacecraft}}$$

式中：s_i 为产品 i 的 $\hat{P}_{\mathrm{subsystem},j}$（$i \neq j$）的所有可能组合之和（$\binom{n-1}{i}$ 项）[1]。

如果求解所有子系统的 r_j，就引出了本章中的第二个问题，即每个子系统对于航天器整体故障的贡献程度。分析的结果可以通过图形化表示出来，对于所有子系统的 r_j（$1 \leqslant j \leqslant 11$），可以绘制出其随时间变化的情况。进行此项分析时，会导致图形过多。为了方便阅读，本章用 4 个图形合并在一起进行分析，如图 5.5 和图 5.6 所示。图中，各个子系统的全称和简称对应关系见 5.1 节。

图 5.5 表示各个子系统对航天器整体故障的贡献率随时间的变化。以图 5.5(c) 的控制器子系统为例，可以看出，经过 15 年时间，控制器子系统对航天器所有故障的贡献率为 6%。同样可以看出，在图 5.5(a) 的陀螺仪子系统和 TTC 子系统是航天器 15 年运行时间故障产生的主要原因，其贡献率分别达 20% 和 15%。

从图 5.5(a) 可以看到，一个重要的信息是对航天器整体故障起"主导作用"的一个交叉点的出现。从图中的曲线可以看出，在 10 年的时间点处，陀螺仪子系统的曲线和 TTC 子系统的曲线交叉。也就是说，0~10 年的时间内，对航天器

---

① 如果子系统的故障概率 $\hat{P}_{\mathrm{subsystem},j}$ 足够小，则 $r_j = \hat{P}_{\mathrm{subsystem},j} / \hat{P}_{\mathrm{spacecraft}}$。

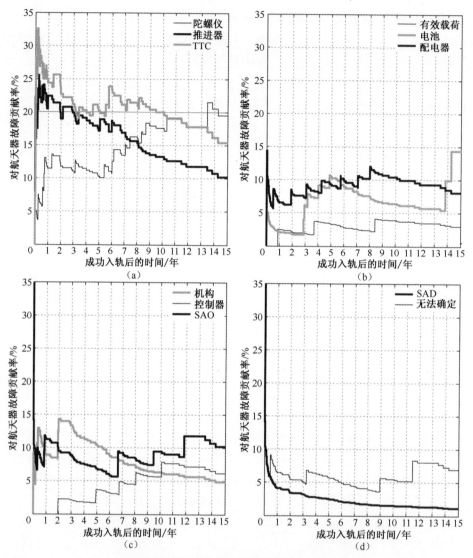

图 5.5 各个子系统对航天器整体故障的贡献率

故障起主要作用的是 TTC 子系统,而在轨 1~6 年时间内,此后其贡献率达到 20%。而陀螺仪子系统的相对贡献率为 12%,此后其相对贡献率开始上升,再经过 6 年的在轨服役时间,其相对贡献率已经超过 TTC 子系统,成为主要影响的子系统。图 5.1 和图 5.2 中的陀螺仪子系统和 TTC 子系统的可靠度结果可以看出:TTC 子系统的故障主要发生在航天器在轨服役的早期,直到 8 年后才开始下降;而陀螺仪子系统则是在轨服役 6 年后故障开始起到较大的影响。

另一个重要信息仍然可以从图 5.5(a)得到,即 TTC 子系统的故障贡献率。在航天器在轨运行 6 年内,其贡献率排在第二位,保持在 18%~22% 之间,到了在轨运行 15 年时,其贡献率下降到 10% 左右。这个结果可以验证图 5.1 中该系统非参数可靠度的早期故障特性。

从这些结果也明显看出,TTC、陀螺仪和推进器是航天器整体在轨故障的主要子系统,因此,对这些子系统进行重点关注可以明显提高航天器在轨工作的可靠性。

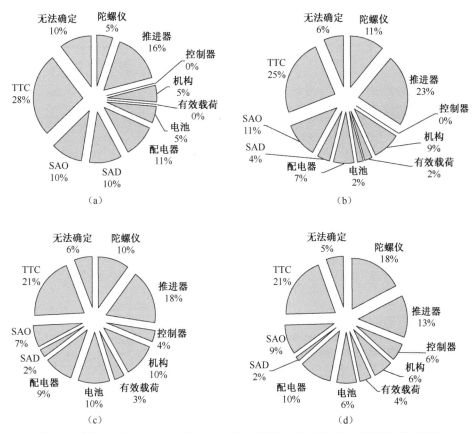

图 5.6 在轨 30 天、1 年、5 年和 10 年时航天器各个子系统对航天器故障的贡献率
(a)t=30 天;(b)t=1 年;(c)t=5 年;(d)t=10 年。

图 5.5(d)可以看出航天器故障无法确定的原因的贡献率为 4%~8% 之间(这是航天器在轨健康状态监测点的指示)。同样值得注意的是,图 5.5(b)的电池子系统对航天器故障的贡献率趋势,可以看出 $r_{battery}$ 有两个明显上升的阶段:第一个阶段是航天器在轨服役 3 年后,其贡献率开始上升,到第 5 年的时候,贡献率从 2% 上升到 10%;第二个上升阶段是在轨服役 14~15 年的阶段,其贡献

率从 5% 上升到 14%(这个信息从图 5.1 同样可以得到)。这个结果表明电池子系统可能有两个不同的故障模式,因此,这些信息同样可以给电气工程师在设计航天器电池子系统并且进行可靠性测试时提供很好的参考。

图 5.6 比图 5.5 提供了更加直观的结果。与图 5.5 给出的是 r_j 随时间变化趋势不同的是,图 5.6 给出的是在 4 个离散的时间点处各个子系统贡献率的统计。这 4 个时间点分别是在轨 30 天、1 年、5 年和 10 年。图 5.6 表示的是图 5.5 中曲线的垂直切面,图 5.6 中没有动态信息,但是相对而言在离散时间点处更加具体化和精确化。

从图 5.5 中看到的信息同样可以从图 5.6 中看到。另外,从图 5.6(a)部分可以看出航天器在轨服役 30 天,其太阳电池阵子系统(展开机构和驱动机构)和 TCC 子系统所占的比例分别为 20% 和 28%。由此可以看出,在轨服役 30 天内,如第 2 章和第 3 章所表述的一样,这两个子系统对航天器早期故障率的影响占有很大的比例,紧接着是推进器子系统。

在接下来的章节,本书将对航天器各个子系统退化行为分析的具体方法进行研究,同时还将对各个子系统在轨异常行为和局部故障进行分析。也就是说,不仅仅是 I 类故障,还将包括各个类别的故障。

第6章　航天器子系统故障及时间:探索性数据分析

6.1　引　言

自本章开始,本书的内容开始多状态的可靠性分析。前面章节进行航天器及其子系统的可靠性分析,因为其可靠性是这些高成本产品一个非常重要的设计因素。在进行可靠性分析时考虑的都是能够导致航天器完全故障的灾难性故障(Ⅰ类故障),因此,航天器及其子系统在可靠性建模和分析时都基于正常运行和完全失效两种状态。然而在实际中,包括航天器在内的很多工程产品都会经历各种程度的故障事件,这些工程产品会从完成正常运行变化到部分退化的各个状态而不都是完全失效。因此,本章的内容就是将航天器可靠性分析从经典的两态性扩展到航天器多态性的可靠性分析。

本章将提供由航天器在轨经历的各个不同程度的异常行为和现象组成的航天器局部的故障,通过对这些行为和现象的分析为了解航天器及其子系统的在轨故障行为和故障发生趋势提供非常重要的信息。

本章的内容是对本书中航天器样本的故障异常行为和故障分布数据的一个探索性分析(见第2章),还包括各个航天器子系统在不同程度故障行为的时间。与之前章节不一样的是,本章的分析不是基于正常的统计工具,航天器子系统正常的多态分析内容将在第7章介绍。本章只是从前面基于两态性假设的可靠性分析到后面航天器多态性故障的一个简单的过渡。

6.2　异常和故障事件

前面所用的航天器样本和故障数据库继续在本章中使用,即1990年1月至2008年10月期间成功发射的1584颗地球轨道航天器及其故障数据。在数据库中分类的航天器子系统如下(见第5章):

(1)陀螺仪/传感器/反作用轮(陀螺仪);

(2)推进器/燃料(推进器);

（3）梁结构/天线操作机构/展开机构（梁结构）；

（4）控制器；

（5）机构/结构/热结构（机构）；

（6）有效载荷设备/放大器/在轨数据处理器/计算机/转发器（有效载荷）；

（7）电池；

（8）配电器；

（9）太阳电池阵展开机构（SAD）；

（10）太阳电池阵驱动机构（SAO）；

（11）遥感、跟踪和指令发射器（TTC）。

各子系统和"无法确定"的分类的详细信息可见第 5 章。需要重申，如第 5 章所介绍的一样，这里的子系统分类并不是传统的航天器子系统分类。传统意义上，电池和配电器都属于电力源子系统，但是在引起航天器故障的数据中，它们被严格区分开。这样的话，一些类型的子系统故障能为航天器系统级故障而不是子系统级故障提供更准确的原因（在某些情况下，上述确定的子系统中是故障的）。需要注意的是，太阳电池阵展开机构是单次作用的子系统，更精确地讲应该是太阳电池阵是子系统的一个阶段。

本章的故障统计分析的基础是在故障数据库中对故障进行分类。数据库中定义的故障分类及其分类依据如下：

Ⅳ类故障：轻微的、暂时性的、可维修的故障，并且故障不能造成航天器及其子系统在轨运行期间产生明显的长期性的影响。

Ⅲ类故障：比较严重的不可维修故障，会使航天器及其子系统在轨运行过程中失去冗余备份的能力。

Ⅱ类故障：严重的不可维修故障，会影响航天器及其子系统在轨长期服役。

Ⅰ类故障：会使航天器终止运行的子系统故障，即会使航天器完全失效的子系统故障模式。

在本章及后续章节会将Ⅳ类和Ⅲ类故障事件归到一起进行分析，这是因为：首先这两类故障事件对于航天器系统和子系统的功能影响都很小；其次是数据库中并不包含各个子系统的冗余设计的信息。这些原因也使得如果将Ⅳ类和Ⅲ类故障的事件进行分开统计分析，其结果没有多大的意义。

本书对采用的航天器样本经历的所有异常和故障事件进行了收集统计，它们在各个分类中所占的比例如图 6.1 所示。

不同严酷程度的局部故障对形成航天器在轨经历的异常事件有很大作用，因此，对这些局部故障的分析能够为理解航天器及其各个子系统的故障行为和故障趋势起到很大的作用。

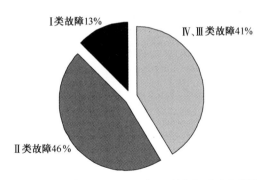

图 6.1　1990 年 1 月至 2008 年 10 月期间成功发射的
航天器的故障事件(共 773 个)分类比例图

从图 6.1 可以得到以下结论：

(1) 使航天器完全失效的故障(Ⅰ类故障)在所有的航天器在轨经历的故障事件中占了相对较小的比例,占 13%左右。剩下的故障(大部分)事件是轻微程度或较严重程度的局部故障。

(2) 近 46%的能够引起航天器发生问题的故障事件是Ⅱ类故障,意味着这类故障会导致航天器或航天器子系统的功能长期或明显的损伤(但不是完全失效)。

(3) 轻微的异常事件也经常发生(Ⅳ类故障和Ⅲ类故障),它们在航天器样本所有在轨故障事件中大约占 41%。这些数据没必要进行过度解读,因为它只传达了一个信息：只是关注于航天器可靠性,即航天器处于正常运行(没有完全失效)的概率,而忽略了一个重要部分,即航天器在轨退化和故障的行为。图 6.1说明了对航天器及其子系统进行多态可靠性分析的必要性,这也就是接下来几个章节需要进行的工作。

6.3 节对航天器子系统的异常和故障事件的分布进行研究,6.4 节对这些子系统的异常和故障(不同程度和等级)时间进行相应的分析和说明。

6.3　子系统异常和故障事件的分布

表 6.1 列出了航天器各个子系统的不同类型故障数据。为了便于解读和更加直观地分析这些数据结果,图 6.2 和图 6.3 对表 6.1 中的信息分别给出了两个不同的归类和统计。

表 6.1　航天器各个子系统的异常和故障事件统计数据

子系统	Ⅳ类和Ⅲ类故障	Ⅱ类故障	Ⅰ类故障	全部故障和失效
陀螺仪	86	35	16	137
推进器	29	55	14	98

续表

子系统	Ⅳ类和Ⅲ类故障	Ⅱ类故障	Ⅰ类故障	全部故障和失效
梁结构	4	17	0	21
控制器	24	1	5	30
机构	8	9	7	24
有效载荷	99	93	3	195
电池	6	16	8	30
配电器	7	10	9	26
SAD	2	6	2	10
SAO	22	77	9	108
TTC	32	23	19	74
无法确定	0	14	6	20
总和	319	356	98	773

图 6.2 展示的是航天器各个子系统所有的异常和故障事件数据,没有考虑故障的严酷程度的信息(只考虑表 6.1 中最右边列中总数以及百分比)。这个结果是对各个子系统的故障事件数据的一个初步统计,而没有对这些子系统故障事件的结果信息进行说明和解释。

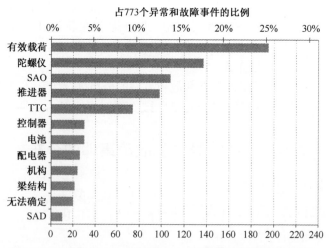

图 6.2 航天器各个子系统所有 773 个异常和故障事件的分布

从图 6.2 可以看出,在所有统计到的航天器故障事件(773 个)中,25.2%由有效载荷引起,17.7%由陀螺仪子系统引起,12.7%由推进器子系统引起。电力源子系统(EPS)包括电池、配电器、SAD、SAO 和机构等子系统,占在轨运行总故障事件的 22.5%(174 个)。

从图 6.2 中也可以确认出主要引起航天器故障的有效载荷、陀螺仪、SAO、推进器和 TTC 等 5 个子系统。近 80% 的故障来自这几个子系统。相应的,在航天器发射之前针对这些子系统进行重点测试、调控,在设计或器件选材过程中加强质量控制或进行冗余设计,都能够显著提高航天器在轨服役的可靠性。下面将对这些故障信息的严酷程度等级进行讨论。

图 6.3 给出了航天器各个子系统的故障事件在各等级中的比例信息。

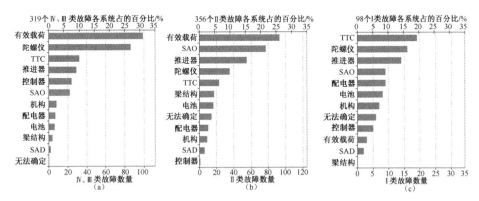

图 6.3　子系统在Ⅳ、Ⅲ 及Ⅱ、Ⅰ 故障等级中的分配
(a)Ⅳ、Ⅲ类故障;(b)Ⅱ类故障;(c)Ⅰ类故障。

例如,对于航天器各个子系统在轨运行经历的所有轻微故障事件(Ⅳ、Ⅲ类故障),31.0% 发生在有效载荷子系统,27.0% 发生在陀螺仪子系统,10.0% 发生在 TTC 子系统。同理,从图 6.3(b)可以看出,引起航天器在轨运行经历的所有严重故障事件,主要的子系统包括有效载荷子系统(26.1%)、SAO 子系统(21.6%)以及推进器子系统(15.4%)。图 6.3(c)是引起航天器完全失效的子系统失效数据统计,主要的子系统为 TTC 子系统(19.4%)、陀螺仪子系统(16.3%)和推进器子系统(14.3%)。

相对于图 6.2,图 6.3 给出的信息更加详细。对于有效载荷子系统,从图 6.2可以得出,该子系统是引起航天器在轨故障数比例最大的子系统,占25.2%。但是从图 6.3 可以看出,虽然有效载荷子系统占的总数较多,但是主要分布在轻微故障和严重故障类别,几乎很少分布在致命性故障类型中,也就是说在Ⅰ类故障中,有效载荷子系统占的比例只有 3%。另外,对 TTC 子系统而言,虽然在图 6.2 的结果中它排在第五位,但是从图 6.3 可以看出 TTC 子系统是引起航天器完全失效故障事件的主要子系统,占 19.4%。

这些结果能够更好地有助于提高子系统的可靠性。从图 6.3 看出,引起航天器性能快速下降(引起Ⅰ类故障)的子系统为 TTC、陀螺仪和推进器。因此,在航天器发射之前,加强这些子系统的可靠性设计,并对这些子系统进行可靠性的强化试验,可以显著提高航天器的可靠度。另外,从图 6.3 还可以看出,有效载荷子系统、SAO 子系统、推进器子系统是引起航天器在轨严重故障的主要子系统。忽略资源的限制,如果提高所有子系统的可靠性当然是最佳方案。但是从实际出发,由于资源的限制,图 6.3 可以帮助人们选出提高的优先顺序。作者提出的在所有子系统中"最需要"进行分析(包括它们的退化模型、退化机理以及故障物理)以及强化提高的是:陀螺仪子系统;TTC 子系统;推进器子系统;SAO 子系统;有效载荷子系统。第二梯度"最需要"进行提高和强化的包括电池子系统、配电器子系统、机构子系统、控制器子系统。

图 6.4 从另外一个视角对航天器子系统的在轨退化和故障行为进行了统计展示,即对表 6.1 中数据的另一种方式的展示。图 6.4 展示了各个子系统的故障在不同类型等级的比例分布。

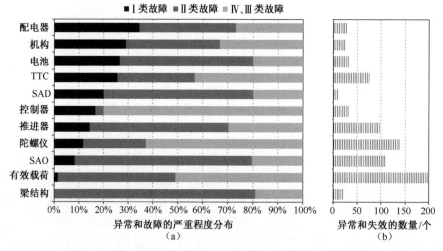

图 6.4　航天器各个子系统异常和故障的严重程度分布图

以图 6.4 最上面的配电器子系统为例,其故障事件的分布如下:34.4% 是 I 类故障,38.5% 是 II 类故障,26.9% 是 IV、III 类故障。图 6.4(a)中,沿着纵坐标从顶部到底部是按照占 I 类故障百分比的降序进行排列。而图 6.4(b)的柱状图表示的是对应子系统的故障总数。由图 6.4 也可以看出,如果某个子系统发生故障,那么很有可能会发生"硬故障",即导致航天器发生严重退化或完全失效(如配电器、机构、电池、SAD 等子系统,虽然这些子系统不会经常故障,一旦发生,就"破坏"整个航天器)。

接下来的一节通过检查航天器各个子系统异常和故障(不同严重程度类别)的时间,增加时间维度来进行子系统的故障数据统计分析。

6.4　航天器子系统的异常和故障时间

本节将对航天器各个子系统不同严重程度的异常和故障的发生时间进行收集,并且以箱线图形式展现出来(图6.5),在图6.5中,边线由随机变量的下四分位数(25%)和上四分位数(75%)确定,框内的线条对应变量的中位数,框外的虚线表示的是变量的最大值和最小值。菱形表示的是故障事件发生的平均时间。另外,与箱线图对应的是表示各个子系统故障在各个类别的分布柱状图。

需要说明的是,分析用的异常和故障时间均为在数据库中记录的实际时间。因此,本节进行的统计(如均值、中位数)都是条件数值,也就是说,这些数据是已经经历了故障事件的航天器而言的统计量。如前言中所述,本章只是一个探索性的数据研究,并且没有用正规的统计工具来对这些数据进行处理。本章是本书的一个转折章节,是对航天器可靠性分析从两态性到多态性的一个过渡章节。

图6.5给出的是陀螺仪和推进器两个子系统的异常和故障时间。通常会把

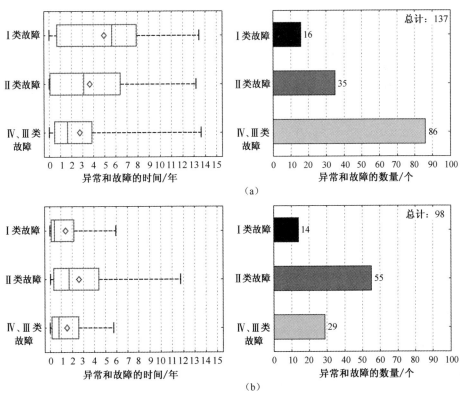

图 6.5　两个子系统异常和故障时间的箱线图

(a)陀螺仪子系统;(b)推进器子系统。

这两个子系统归类在航天器广义的姿态和在轨控制子系统(attitude and orbit control subsystem, AOCS)中,从前面可以看出,这两个子系统是航天器整体异常和故障的主要原因。

图6.5(a)是陀螺仪子系统在航天器整个寿命期内的故障和异常事件发生的时间,即图中所示的是从在轨1年到在轨14年的3个时间点。故障发生时间的中位数比均值更具有稳健性。对于轻微故障(Ⅳ、Ⅲ类故障)的时间大约是1.5年,也就是说,陀螺仪子系统50%的故障或异常行为发生在航天器发射后的1.5年内。陀螺仪子系统的严重故障事件的中位数为3年,而陀螺仪子系统发生致命性故障的时间中位数为5.5年。

可以看到,这3个故障事件的下四分位数都小于1年,也就是说,陀螺仪子系统所有故障的25%发生在在轨第1年内。这个观察结论对于研究陀螺仪子系统的早期故障具有指导意义,也对航天器在轨服役前提高其可靠性具有指导意义。

应该指出的是,陀螺仪子系统在不同类别的异常和故障发生时间之间具有持续性走势:平均来说,轻微故障比严重故障发生更频繁,并且发生时间更早;同样,严重故障比致命故障发生更频繁,其同样发生时间早。这与航天器的其他子系统(如后面将会分析的推进器子系统)相比,体现了陀螺仪子系统特殊的故障机理和设计特点。

对于推进器子系统而言,首先可以看出,推进器子系统会经历更多的严重类故障(大约有50%的Ⅱ类故障事件),这是和陀螺仪子系统明显不同的。更重要的是,从图6.5(b)可以看出,3类故障发生时间上,不仅都表现出下四分位数小于1年,而且所有的中位数都小于2年,也就是说,推进器子系统50%的故障发生在在轨服役2年内——对于Ⅰ类故障,Ⅳ类故障、Ⅲ类故障都是1年内。这个结果也体现了推进器子系统的早期故障特性。与陀螺仪子系统相比,它更需要进行强化试验以减少早期故障,提高可靠性。这也是对航天器制造商和供应商的一个很好的指导性结论。

值得注意的是,推进器子系统的轻微故障时间和完全故障时间比陀螺仪子系统的分散性低。推进器子系统故障时间确认为在轨6年内,而陀螺仪子系统故障时间超过13年。通过对两个子系统故障发生时间的上四分位数的观察可以得到类似的结论。它们故障行为的这个差异表明了,与陀螺仪子系统相比,推进器子系统随着时间增长,稳健性也在增加,尤其是如果它能够在入轨6年后继续工作(超过86%的推进器子系统故障在这个时间内发生)。另外,陀螺仪子系统的早期故障不明显,但后期的耗损会增加。

6.2节列出的其他子系统的故障时间将会在接下来的部分给出,对于这些统计结果也可以得到类似的结论和解释,尤其是在轨过程中的早期故障特性。

　　如前面所述,对于电池子系统和配电器子系统有一种"硬故障"的趋势,即70%的异常和故障都是严重类(Ⅱ类)故障和致命性(Ⅰ类)故障。图 6.6 给出了这两个子系统发生轻微故障和严重故障时间的中位值,是入轨 1 年。电池子系统发生完全失效的下四分位数是在其严重故障事件的上四分位数之后,并且完全失效持续发生在在轨 14 年。这个现象反映出电池子系统的两个典型的故障模式,也从实际情况表示了早期故障和耗损故障的特点。

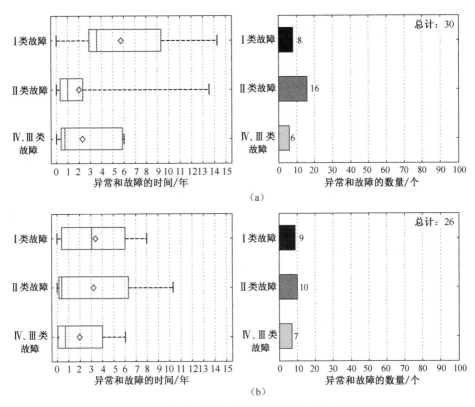

图 6.6　电池子系统和配电器子系统的异常和故障时间的箱线图
(a)电池子系统;(b)配电器子系统。

　　SAO 子系统的异常和故障主要是严重类(Ⅱ类)故障,图 6.7 给出的 3 个故障事件的分散性相对较大,共跨越了 9 年或更长的时间。尽管 3 个时间的中位值都是小于两年,但是这个结果也清晰地表明了该子系统的早期故障特点,并且需要在早期进行可靠性设计和可靠性强化试验以提高服役的可靠性。

　　图 6.8 是 TTC 子系统的故障时间①。前面已介绍过,TTC 子系统是引起航天

---

①　这些结果排除了 GLOBALSTAR 飞船的 TTC 子系统的一些特有的失效。

器整体故障的主要原因。前面的其他结论也可以通过本章的故障时间分析加以对应。尤其可以看出,3 个类型的故障事件的中位值都是小于 2 年,也说明了对 TTC 子系统早期故障处理可以提高其可靠性。另外还可以看出,下四分位数小于 2 年,上四分位数对应的轻微故障、严重故障和完全失效分别为 3 年、4.5 年和 5 年。

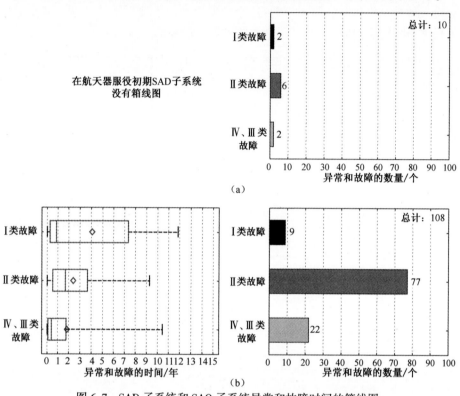

图 6.7　SAD 子系统和 SAO 子系统异常和故障时间的箱线图

(a)SAD 子系统;(b)SAO 子系统。

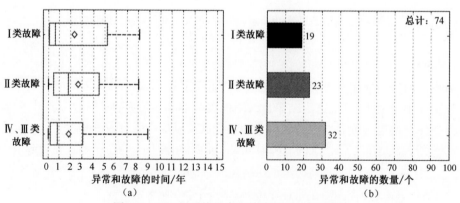

图 6.8　TTC 子系统异常和故障时间的箱线图

　　图 6.9~图 6.12 分别为有效载荷子系统、机构子系统、控制器子系统、梁结构子系统异常和故障时间的箱线图。通过对图 6.9~图 6.12 的解读分析，同样可以得到相应的故障时间的结论，因此不再赘述。

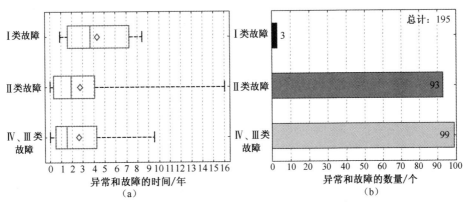

图 6.9　有效载荷子系统异常和故障时间的箱线图

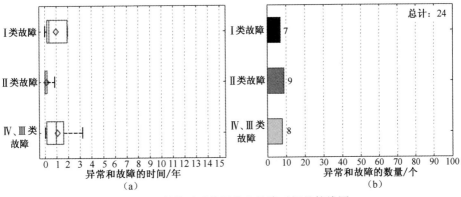

图 6.10　结构子系统异常和故障时间的箱线图

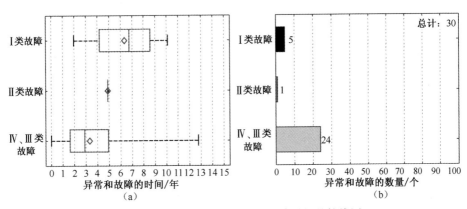

图 6.11　控制器子系统异常和故障时间的箱线图

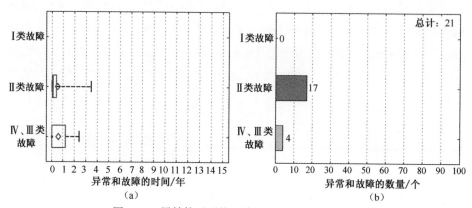

图 6.12　梁结构子系统异常和故障时间的箱线图

值得说明的是机构子系统的 3 个故障时间与之前所述的其他子系统不同。机构子系统的 3 个故障时间的分散性最小,即时间跨度最小。3 类等级的故障发生时间都集中在在轨前 3 年内。

另外,由图 6.11 所示的控制器子系统的故障时间可以看出,控制器子系统表现出较明显的致命性故障行为:Ⅰ类故障明显比Ⅳ、Ⅲ类故障次数少,而且发生时间比较靠后。到完全失效时间的下四分位数是 4 年,而中位数是 7 年左右。轻微故障时间的下四分位数是 2 年,中位数是 3 年。这个结论意味着在设计中对控制器进行冗余设计的重要性。

下面将对航天器各个子系统进行更加详细的多态可靠性研究。

第7章 航天器子系统多态故障分析[①]

7.1 引 言

之前的章节进行了航天器及其子系统的非参数可靠性分析和威布尔模型的拟合。直到第5章都是关于航天器在轨故障的方法研究,其包括两个阶段:第一个阶段解决了航天器的可靠性,主要是局限在系统级别的故障,包括在轨运行的普通故障行为(见第2章和第3章)以及根据轨道和质量等级分类的特定故障(见第4章)航天器可靠性分析;第二个阶段研究则越过系统级,得到航天器所有子系统故障(非参数和威布尔模型)的可靠性结果(第5章)。然而,在两个阶段中,故障的统计分析和建模都会受到可靠性两态性概念的限制,也就是某物体被认为是只有正常运行和故障两种状态。

本章仍然对航天器子系统的故障进行分析,从常规的可靠性两态性延伸到多态性,即研究航天器子系统的多个状态下异常和故障行为,或者研究不同严重级别的故障(图7.1)。多态故障分析引入了"退化的状态"或局部故障,通过合理地将某个物体故障分解成退化行为或即将导致完全失效的行为来提供更好的解释。在目前统计分析所用的数据库中,将每个航天器子系统分为4种状态异常或者故障:3种退化状态,1种故障状态(完全失效)。7.2节将对4种状态进一步定义和讨论。相比传统的可靠性分析,通过实施多态分析,可更加合理地了解航天器在轨道上的故障和异常的一些细节,这会在后面部分解释。本章在第6章的基础上得出航天器子系统的异常和故障时间,更具体地用正规的统计方法来研究航天器的功能退化及各种状态之间可能的转变。

本章研究所用数据库的详细信息可见第2章,此处讨论的航天器各个子系统在第5章有介绍:

(1) 陀螺仪/传感器/反作用轮(陀螺仪);

(2) 推进器/燃料(推进器);

(3) 梁结构/天线操作机构/展开机构(梁结构);

---

① 本章是根据作者发表在 *Reliability Engineering and System Safaty* 上的一篇文章(Castet and Saleh,2010b)改写的。

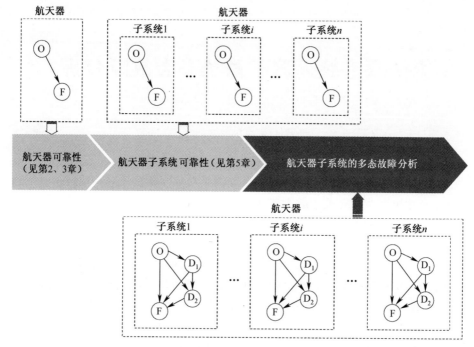

图 7.1 航天器和航天器子系统的故障分析过程

O—运行状态;F—失效状态;D_1—微小退化状态;D_2—严重退化状态。

（4）控制器;

（5）机构/结构/热结构(机构);

（6）有效载荷设备/放大器/在轨数据处理器/计算机/转发器(有效载荷);

（7）电池;

（8）配电器;

（9）太阳电池阵展开机构(SAD);

（10）太阳电池阵驱动机构(SAO);

（11）遥感、跟踪和指令发射器(TTC)。

当不能辨别导致航天器发生故障的系统时,在数据库中将这类航天器子系统归为"无法确定"种类。

本章内容安排:7.2 节根据状态变化图对不同故障进行介绍,这是后续部分进行统计多态故障分析的基础;7.3 节对于每个航天器子系统,根据其置信区间,用非参数分析计算出各种状态之间的转移概率;7.4 节用极大似然估计程序进行这些概率的参数分析和威布尔模型拟合;7.5 节通过对比 3 个航天器子系统多态故障分析的可靠性分析结果,解释相比常规的两态可靠性方法其重要性和更进一步的深刻见解。推进器、TTC 和陀螺仪等 3 个子系统在前面的分析中被认为是导致航天器不可靠的主要子系统(见第 5 章),对其分析将对航天器可靠性增长至关重要。

7.2　状态设定:多态故障分析及状态转移图

如前所述,本章的创新处在于,不再是基于可靠性的两态性理解层面对航天器子系统故障进行统计分析,而是延伸至对子系统异常和多态故障的分析。统计分析的实施是基于在数据库中所识别和定义故障的类型(局部的)。这些故障类型在数据库中的定义如下:

Ⅳ类故障:轻微的、暂时性的、可维修的故障,并且故障不能造成航天器及其子系统在轨运行期间产生明显的长期性的影响。

Ⅲ类故障:比较严重的不可维修故障,会使航天器及其子系统在轨运行过程中失去冗余备份的能力。

Ⅱ类故障:严重的不可维修故障,会影响航天器及其子系统在轨长期服役。

Ⅰ类故障:会使航天器终止运行的子系统故障,即会使航天器完全失效的子系统故障模式。

在这些故障分类的基础上引出 4 种状态,从状态 4~状态 1 按故障严重程度或功能退化程度增加的顺序定义如下:

状态 4:完全正常。

状态 3:Ⅳ、Ⅲ类故障(轻微异常/退化)。

状态 2:Ⅱ类故障(严重异常/退化)。

状态 1:Ⅰ类故障(完全失效)。

将Ⅳ类和Ⅲ类故障归结为一种状态,首先是因为两种故障都只是对系统或者子系统的功能有轻微影响,其次是数据库没有包含关于当前子系统冗余或用于航天器原因的信息。此信息的缺少失去了对Ⅳ类和Ⅲ类故障进行各自统计分析的意义。

各个子系统的故障状态如图 7.2 所示。计算出每个子系统各状态之间的转移概率后,统计航天器及其子系统多态故障的行为可以通过马尔可夫链或随机 Petri 网实现模块化和模拟仿真,这些将会在 7.3 节和 7.4 节讨论。

在随机模型中,状态 1(Ⅰ类故障)具有如下特性:不能从该状态恢复,因此不能由其向别的状态转移或转变。如图 7.2 所示,没有从部分故障状态向更严重的功能性状态转变(不能直接从 S_i 到 $S_{(i+1)}$, $i \neq 1$)。实际上,从数据库中可以看出,很少有这种“能康复的”方向的转变(3.6%)的事件发生。偶尔会有在轨维修的证据可以支持这些“能康复的”状态转变。这个方面已超出了本研究的范围(关于在轨维修见 Saleh 等(2003)的文章)。

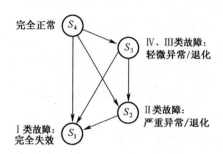

图7.2　航天器子系统的多态故障及转变图解

定义下面符号：

T_{ij}——状态 i 与状态 j 之间的转变。

P_{ij}——从状态 i 到状态 j 转变的条件概率[①]。

例如，一个子系统从完全正常运行状态 S_4 到严重异常状态 S_2 转变的标签为 T_{42}，两种状态之间的转变概率为 P_{ij}。状态之间的转变概率通过异常和故障数据的统计分析得到。将在接下来的小节介绍具体的计算程序。感兴趣的读者可以通过 Lisnianski 和 Levitin（2003）的文章了解更多关于多状态系统的信息。

7.3　航天器子系统多态故障的非参数分析

本节将利用之前定义状态中的故障和异常的数据，计算 7.1 节涉及的所有航天器子系统中从某一状态到另一状态的转变概率。下面的数据收集于每个子系统和每种状态的转变 (i,j)：到达状态 i 时的数据；离开状态 i 到状态 j 时的数据（如果这种转变发生）；状态转变 (i,j) 没有发生时的"截尾时间"。

特别注意的是要求把握好截尾。另外，与第 2 章所讨论的在两态可靠性的分析过程不一样，多态故障在截尾数据的定义和处理方法上增加了不同的特点与处理技巧。

7.3.1　截尾数据和 Kaplan-Meier 估计

对于数据集，与前面所举例的一样是交错排列的右截尾（第四类截尾）：

（1）样本中所有子系统在不同的时间点都已启动（到达状态 i 的日期或 $i=4$ 的发射日期），但这些启动时间都知道。

---

① 关于这项其余的详细介绍将在 7.3 节进行讨论。

（2）从状态 i 离开到状态 j 的日期是随机的（所以是截尾）。

（3）截尾之所以会发生，是因为某个航天器在 T_{ij} 发生前已经从样本中退役，或因监测窗口到达终点（2008 年 10 月）时没有子系统经历转变 T_{ij}。另外，在多态故障分析中，当研究某一给定子系统的 T_{ij} 时，且子系统转变到状态 k 而不是状态 j 时截尾也恰好发生。假若这样，当 $k \neq j$ 时，T_{ik} 被认为是计算 T_{ij} 而截尾的。例如，当研究 T_{43} 时，也就是说，一个子系统从正常运行状态到微小异常、退化状态的转变，T_{43} 被 T_{42} 和 T_{41} 截尾，是转变成状态 2 和状态 1（严重异常、退化和完全失效）。

故障截尾数据的非参数可靠性程序可以参见第 2 章，考虑某一物体的运行状态 O 和故障状态 F。运行状态一直到 t 的剩余概率就是物体的可靠性函数。经过时间 t 由运行状态转变到失效状态的概率 $P(t) = 1 - R(t)$。因此，通过利用 Kaplan-Meier 估计方法，故障概率的估计为

$$\hat{P} = 1 - \hat{R}(t) = 1 - \prod_{\text{所有}i\text{都满足}t_i \leq t} \hat{p}_i \tag{7.1}$$

本章将采用 Kaplan-Meier 估计处理多类状态各自截尾的故障数据，并估计从状态 i 转变到状态 j 的条件概率 P_{ij}。为了解释这一点，可以参考如图 7.3 所示的转换图。接下来主要是研究从状态 i 转变到状态 j 的条件概率 P_{ij}。该条件概率表明，如果物体是在状态 i，经过时间 t，其有 P_{ij} 的概率转变到状态 j。前面两态可靠性分析中的截尾意味着某个物体在发生故障前被从监控中移除（各种原因）。在多类故障分析中，好比一个状态转变到另一个状态，在状态 i 转变到状态 j 的例子中也要考虑截尾。在图 7.3 中，计算从状态 i 转变到状态 r 或状态 s（$r \neq j$ 且 $s \neq j$）的 P_{ij} 时考虑了截尾。

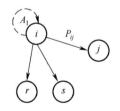

图 7.3 P_{ij} 的截尾变换

类似于式（2.10），此处也可以采用 Kaplan-Meier 估计计算 P_{ij}。

P_{ij} 的估计为

$$\hat{P}_{ij}(t) = 1 - \prod_{\text{所有满足}t_{ij(k)} \leq t\text{的}k} \hat{p}_{ij,k} \tag{7.2}$$

式中：$t_{ij(k)}$ 为第 k 次离开状态 i 转化到状态 j 的时间（按递增的顺序）；$\hat{p}_{ij,k}$ 为

$$\hat{p}_{ij,k} = \frac{n_{ij,k} - 1}{n_{ij,k}} \tag{7.3}$$

其中

$n_{ij,k} = t_{ij(k)}$ 之前在状态 i 的单元数

$= n - [t_{ij(k)}$ 之前截尾的单元数$] - [t_{ij(k)}$ 之前从状态 i 转变到状态 j 的单元数$]$

在转变时间 $t_{ij(k)}$ 应该有对应关系,假设 $m_{ij(k)}$ 个单元在 $t_{ij(k)}$ 恰好发生了转变,则式(7.3)可以化为

$$\hat{p}_{ij,k} = \frac{n_{ij,k} - m_{ij,k}}{n_{ij,k}} \tag{7.4}$$

7.3.2 置信区间分析

从前面的分析可知,Kaplan-Meier 估计(式(2.10))提供了一个可靠度极大似然估计,但无法得知其与 $\hat{R}(t_i)$ 的分散程度。类似地,在多类状态分析中,式(7.2)也没有涉及 $\hat{P}_{ij}(t)$ 的分散性。分散性是通过估计的方差或均方差得到的,进而得到置信上、下限,例如置信度为 95% 的置信区间,则实际的条件概率 P_{ij} 有 95% 的可能落入所求置信区间,而式(7.2)是最可能的估计。由式(2.12)得到估计值的方差,因此可以将式(2.12)用于计算多态故障分析:

$$\hat{\mathrm{var}}[P_{ij}(t_{ij(k)})] \equiv \sigma^2(t_{ij(k)}) = [1 - \hat{P}(t_{ij(k)})]^2 \sum_{l \leqslant k} \frac{m_{ij,l}}{n_{ij,l}(n_{ij,l} - m_{ij,l})} \tag{7.5}$$

置信度为 95% 的置信区间为

$$P_{ij.95\%}(t_{ij(k)}) = \hat{P}_{ij}(t_{ij(k)}) \pm 1.96\sigma(t_{ij(k)}) \tag{7.6}$$

7.3.3 状态之间转变的条件概率的非参数估计

结合前面所提到的公式推导,将多态故障分析应用到样本中 1584 个航天器在轨道上的异常和故障数据上。如前面所述,这些航天器样本集是在 1990 年 1 月到 2008 年 10 月之间发射的。用式(7.2)~式(7.6)处理这些数据得到 P_{ij} 的非参数估计 $\hat{P}_{ij}$。

需要指出的是,这些航天器共有 11 个子系统,而每个子系统有 6 种状态转变,所以要估计 66 个非参数概率(除了未知种类的子系统不需要估计)。另外,每种转变概率需要计算来估计置信度为 95% 的置信区间,因此会增加额外的计算过程和计算量。因此,完整描述数据库中航天器的多态故障行为需要 198 个

非参数计算,才能给出子系统数和所辨别出的故障种类①。这种状态转变概率的计算是多态故障分析相比简单两态可靠性分析在统计处理上的一个主要难题,正如 Lisnianski 和 Levitin (2003)将其描述成"多维困难"一样。然而,要对多态故障分析进行深入研究,这些困难是值得去探讨和解决的。

图 7.4 为非参数计算的例子。图中的 $\hat{P}_{42}$ 是推进器子系统从正常运行状态(状态 4)转变到严重异常状态(状态 2)的条件概率估计,同时给出的是置信度为 95% 的置信区间。

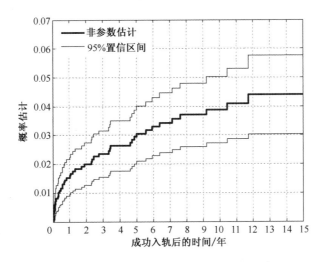

图 7.4　推进器子系统的转变条件概率估计 $\hat{P}_{42}$

由图 7.4 可知,在轨道上运行 10 年后,某个航天器推进器子系统有 4% 的概率由正常运行状态(状态 4)转变成严重异常状态(状态 2),更准确的结果如下:

$$\hat{P}_{42,推进器}(t) = 0.0387 \quad (9.210 \,年(3364 \,天) \leqslant t < 10.453 \,年(3818 \,天))$$

更准确地讲,该子系统的转变概率 P_{42} 为 2.72%~5.02%,因此当 $t = 10$ 年时,P_{42} 置信度为 95% 的置信区间为 [2.72%, 5.02%],而 $\hat{P}_{42} = 3.87\%$ 是最可能的估计。

图 7.5 展示了陀螺仪子系统 6 种转变概率。在轨道上运行 4 年后,陀螺仪

---

①　此结论可以推广到含有 n 个子系统和 k 个状态系统的多态故障分析中,用来估计的总非参数概率数为 $nk(k-1)$。另外,假设没有"康复的"转变,数量减少为 $n\left[k(k-1) - \sum_{i=1}^{i=k-1} i\right]$。当寻找置信区间时,这些数量将变为 3 倍。

子系统大概有 4.8% 的概率从状态 4 转变为状态 3(轻微异常),有 1.3% 的概率从状态 4 转变为状态 2(严重异常),有 0.3% 的概率从状态 4 转变为状态 1(完全失效)。转变概率 P_{41}、P_{31} 和 P_{21} 很好地描述了因机构子系统故障导致航天器完全失效,这显然与传统将此 3 种转变归纳为一起分析不同,并且较之更精确。

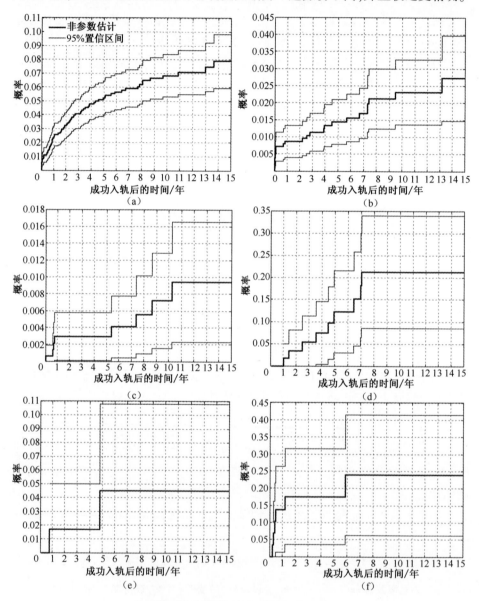

图 7.5　陀螺仪子系统的转变概率

(a)P_{43};(b)P_{42};(c)P_{41};(d)P_{32};(e)P_{31};(f)P_{21}。

图 7.6 和图 7.7 分别表示推进器子系统和 TTC 子系统从正常运行状态转变到其他 3 种状态的转变概率。

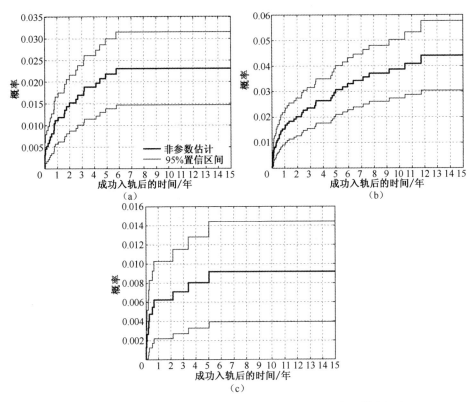

（a）

（b）

（c）

图 7.6　推进器子系统从正常运行状态转变到其他状态的转变概率

（a）P_{43}；（b）P_{42}；（c）P_{41}。

然而很多子系统状态之间的转变没有在所分析的数据库中体现。例如，在数据库中，没有推进器子系统在轨道上运行时发生轻微异常（状态 3）与完全失效（状态 1）之间的变化，因此也不能进行统计分析。加上没有在数据库中发生转变的情况，因此在数据库中总共的转变数减少至 48 次，相应的非参数计算是 144 次（除去"无法确定"的类）。缺失的转变类型可以从表 7.1 和表 7.2 看到，其用"NA"表示。由于篇幅限制，为了阅读方便，这 144 个运算没有在这里表示，但这些转变概率的参数拟合将在 7.4 节中讨论。

虽然本章中进行了子系统多态转变概率的非参数估计，但是仍然存在一定的假设前提。如在本小节中，假设子系统故障是相互独立的。在实际中，可能一些子系统含有互相关联的异常和故障，如热力装置子系统和动力子系统。但是在数据库可得到的信息中，有时是航天器操作者自己记录故障，其没有明确故障

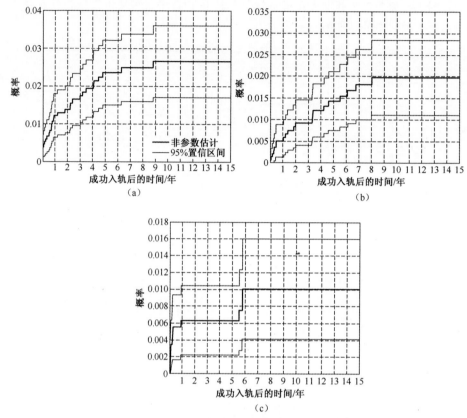

图 7.7　TTC 子系统从正常运行状态转变到其他状态的转变概率

(a)P_{43}；(b)P_{42}；(c)P_{41}。

的相互影响的具体位置。例如,某航天器的Ⅰ类故障只归类于一个子系统,且子系统的某个部分故障有其定时和严格的记录。与前面讨论的一样,本工作的统计分析仅限于能得到数据的范围内。因此,通常原因及相互影响的异常或航天器子系统的故障不能清楚地辨别和统计分析。但是当收集到所需的数据时,这种分析可为将来的研究提供非常重要且丰富的成果。

7.4　航天器子系统多态故障的参数分析

　　如前面章节所描述的,非参数分析有优点和局限性(见第 3 章)。本章将说明威布尔分布适用于分析大多数子系统和状态转变的非参数概率。由于进行状态转变概率求解的关键点是累计故障概率(转变到某个退化的状态),下面分布(不是运行状态剩余可靠性函数或者概率)的形状参数和尺度参数可以计算得到:

$$P_{ij}(t) = 1 - \exp\left[-\left(\frac{t}{\theta}\right)^{\beta}\right] \qquad (7.7)$$

在所给故障和异常数据的基础上,可以用一些方法如图形估计或 MLE 确定一个参数模型。在本章中,用更加强大的 MLE 技术来估计所有转变概率中的形状和尺度参数。读者可在第 3 章详细了解到关于 MLE 及其应用在威布尔分布中的解析推导。

7.4.1　非参数估计 $\hat{P}_{ij}$ 的 MLE 威布尔拟合

下面用 MLE 程序来计算所有航天器子系统转变概率估计 $\hat{P}_{ij}$ 的威布尔参数,其结果如表 7.1 和表 7.2 所列。数据库中没有呈现出的状态转变无法进行统计分析,其在表格中用"NA"表示。

从表 7.1 可以知道,对于陀螺仪子系统,用 MLE 拟合从状态 4 到状态 3 转变概率的威布尔分布为

$$P_{43,陀螺仪}(t) = 1 - \exp\left[-\left(\frac{t}{2758}\right)^{0.4731}\right] \qquad (7.8)$$

类似地,对于推进器子系统,用 MLE 拟合从状态 4 到状态 2 转变概率的威布尔分布为

$$P_{42,推进器}(t) = 1 - \exp\left[-\left(\frac{t}{8591}\right)^{0.4763}\right] \qquad (7.9)$$

图 7.8 是陀螺仪子系统 P_{43} 及推进器子系统 P_{42} 的非参数曲线(置信区间为 95%),叠加了由式(7.8)和式(7.9)得到的各自 MLE 威布尔拟合的结果。

图 7.8 为表 5.1 中威布尔分布的 MLE 参数很好地拟合于陀螺仪子系统的 P_{43} 及推进器子系统的 P_{42} 提供了可视化的结果。对其他航天器子系统转变概率用表 7.1 和表 7.2 中所给威布尔参数可得到相似的结果。

7.4.2　多态故障分析的参数模型的测试

在给出子系统参数模型的相关复杂性的基础上,可以通过设计一些测试试验来验证该参数模型的正确性,参数模型反映了在轨道上实际运行的数据,本小节将对这些内容进行简单的讨论。从本质上讲,这些测试为子系统模型提供部分验证和确认(IEEE Std 1012—2004)。为了实施测试验证,每个处在状态 1 ($P_{1,子系统}$,每个子系统可靠性的补充)的子系统将进行两种独立的计算:第一种计算方法不考虑多态故障分析,直接基于数据库中的故障信息,此方法得到的非参数结果在第 5 章有讨论,在这将其视为"基准"结果;第二种计算方法利用本研究的多态威布尔模型,并运用每个子系统随机 Petri 网 (Stochastic Petrinet,

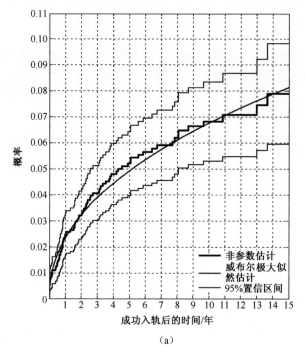

（a）

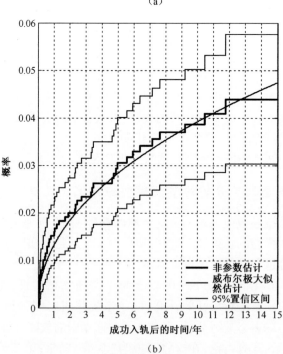

（b）

图 7.8　非参数转变概率示例及威布尔拟合

（a）P_{43}；（b）P_{42}。

SPN)的蒙特卡罗模块进行仿真。SPN 在本研究中能实时自动为每个子系统的
多态故障行为建模(Cassandras 和 Lafortune, 2007);此方法建立了与图 7.2 一致
的状态转变,其附加了与表 7.1 和表 7.2 所示威布尔模型支配的在 SPN 模型中
的定时转变的信息。在本章附录中用陀螺仪子系统举例说明了 SPN 模型的应
用,其建模工具是用 SPN@ 软件(Volovoi, 2004;2006)。关于 SPN 的详细说明
可见第 8 章。运行 10^6 次后,蒙特卡罗模块可以监控所有子系统在很多 SPN 模
型中的统计信息,包括在每个状态的停留时间及确认每个子系统在状态 1 的概
率。第二种方法得到的结果称为"仿真"结果。

表 7.1　航天器各个子系统 P_{ij} 的威布尔参数(1)

陀螺仪			推进器			梁结构		
P_{ij}	β	$\theta/$年	P_{ij}	β	$\theta/$年	P_{ij}	β	$\theta/$年
P_{43}	0.4731	2758	P_{43}	0.3827	171879	P_{43}	0.0019[①]	
P_{42}	0.3685	336231	P_{42}	0.4736	8591	P_{42}	0.2468	436409190
P_{41}	0.5635	65547	P_{41}	0.3114	29975357	P_{41}	NA	
P_{32}	1.1950	33	P_{32}	0.6052	46	P_{32}	NA	
P_{31}	0.7551	546	P_{31}	NA		P_{31}	NA	
P_{21}	0.4653	134	P_{21}	0.2632	589300	P_{21}	NA	
控制器			机构			有效载荷		
P_{ij}	β	$\theta/$年	P_{ij}	β	$\theta/$年	P_{ij}	β	$\theta/$年
P_{43}	0.6585	3562	P_{43}	0.3840	4952368	P_{43}	0.4474	4065
P_{42}	NA		P_{42}	0.0060[①]		P_{42}	0.4691	3170
P_{41}	NA		P_{41}	0.3572	19794952	P_{41}	0.6701	119171
P_{32}	0.5487	1056	P_{32}	NA		P_{32}	0.6647	38
P_{31}	0.7231	45	P_{31}	NA		P_{31}	NA	
P_{21}	1[①]		P_{21}	NA		P_{21}	0.2513	169439610

①由于非参数曲线有固定的形式,此时威布尔拟合失去意义。转变可能超过 15 年。

表 7.2　航天器各个子系统 P_{ij} 的威布尔参数(2)

电池			配电器			SAD[①]		
P_{ij}	β	θ/年	P_{ij}	β	θ/年	P_{ij}	β	θ/年
P_{43}	0.3855	9946825	P_{43}	0.3663	13753674	P_{43}	0.0015	
P_{42}	0.4134	357357	P_{42}	0.3526	11893973	P_{42}	0.0040	
P_{41}	0.9239	4431	P_{41}	0.5215	144569	P_{41}	0.0013	
P_{32}	NA		P_{32}	1.1329	38	P_{32}	NA	
P_{31}	NA		P_{31}	NA		P_{31}	NA	
P_{21}	0.2353	1936	P_{21}	0.4618	376	P_{21}	NA	
SAO			TTC[②]			无法确定		
P_{ij}	β	θ/年	P_{ij}	β	θ/年	P_{ij}	β	θ/年
P_{43}	0.3216	3237079	P_{43}	0.3668	205920	P_{43}	NA	
P_{42}	0.4724	4313	P_{42}	0.5249	19577	P_{42}	0.3766	1471383
P_{41}	0.2627	3.45×10^{10}	P_{41}	0.3098	29482835	P_{41}	0.4020	5578316
P_{32}	0.7268	16	P_{32}	0.2273	390440	P_{32}	NA	
P_{31}	0.5935	646	P_{31}	NA		P_{31}	NA	
P_{21}	0.4307	4501	P_{21}	0.3374	87	P_{21}	NA	

①SAD 子系统是一个"工作一次性系统",此时威布尔拟合失去意义。因此这些转变可能超过 15 年。
②TTC 子系统的故障数据结果不包括 GLOBALSTAR 飞船上的特有的故障信息(47 个 Ⅱ 类故障)。

接下来将"仿真"结果与"基准"结果进行对比。在多态故障模型中多个转变概率的基础上,仿真 $P_{1,子系统}$ 的动态性是不确定的,这些转变概率中某一个威布尔模型的任何错误或缺陷将会传播并且很有可能放大到影响整个 SPN 模型①。

因此,如果"仿真"结果与"基准"结果不一致,则认为多态故障分析和参数拟合(整体或局部)是有缺陷的甚至是错误的。如果"仿真"结果与"基准"结果相一致,则多态故障分析和参数拟合是正确的,更准确地说,从多态故障分析和参数拟合得到的故障行为正确且定量地反映了所研究系统的真实的全部故障行为。这部分也非常重要,因为此方法包含了对多态故障分析中参数拟合的确认。

图 7.9 是航天器陀螺仪子系统和推进器子系统 $1-P_{1,子系统}$ 的"基准"和"仿真"结果。

---

①　为了阐述这个结果,假设一个子系统从初始状态 3 转变到状态 1(完全失效),那么在 SPN 模型的仿真过程中,不参与计算 P_{43} 而直接进行传递会导致子系统的 $P_{1,子系统}$ 的评价的误差。

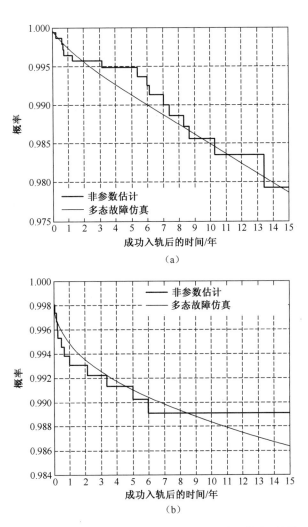

图 7.9　航天器陀螺仪子系统和推进器子系统的"基准"与"仿真"结果($1-P_{1,子系统}$)
(a)陀螺仪子系统;(b)推进器子系统。

　　图 7.9 以可视化的形式说明了"仿真"结果(定量化)很好地反映了实际的"基准"结果。"仿真"结果表现出很好的准确性,陀螺仪子系统的最大误差只有0.40%,而推进器子系统的最大误差只有0.27%(表 7.3)。

表 7.3　航天器陀螺仪子系统和推进器子系统的"仿真"结果与"基准"结果的误差

子系统	极大误差/%	平均误差/%
陀螺仪	0.40	0.13
推进器	0.27	0.10

对于其他子系统也可以得到类似的准确结果,结果如表 7.4 所列。

这些结果很好地表明本章提出的多态故障分析和参数模型是恰当且完整的(没有缺少转变的种类和数量)。也就是说,航天器子系统的多态故障计算模型定量化地反映了实际系统的故障行为,且具有较高的准确度。

值得注意的是,在图 7.9、表 7.3 和表 7.4 所反映的准确性是由多态故障模型中状态转变概率 P_{ij} 的单威布尔分布模型得到的。如有必要,也可以通过第 3 章中介绍的混合分布得到 P_{ij} 的更加准确模型。

表 7.4　航天器其他子系统的"仿真"结果与"基准"结果的误差

子系统	极大误差/%	平均误差/%
电波	—	—
控制器	0.16	0.06
机构	0.21	0.07
有效载荷	0.08	0.03
电池	0.66	0.14
配电器	0.18	0.06
SAD	—	—
SAO	0.29	0.11
TTC	0.38	0.13

7.5　航天器子系统的可靠性和多态故障的对比分析

本节将对陀螺仪子系统、推进器子系统和 TTC 子系统通过 SPN 模型仿真得到多态故障分析结果。之所以选择这些子系统,是因为在第 5 章中已经确定它们为航天器运行时的主要不可靠部分,且在第 6 章中也将它们确定为主要引起航天器的异常来源。另外,选择这 3 种系统是由于其故障分析的主要概念能清晰辨别,不受传统(两态)可靠性分析的限制。

7.5.1　陀螺仪子系统

陀螺仪子系统是引起航天器故障的一个主要子系统。该系统运行 10 年时,其故障占到总故障的 18%;该系统运行超过 15 年时,其故障占总故障的 20%(见第 5 章)。

图 7.10 表示状态 4 概率的可靠度曲线,即正常运行时的情形。可靠度曲线或生存函数代表着子系统不在故障状态 1 的概率。图 7.11 表示从状态 1 到状态 3 过程中,在退化状态下的不同概率。

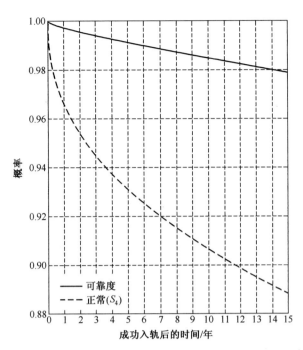

图 7.10　陀螺仪子系统的可靠度曲线和完全正常运行的概率

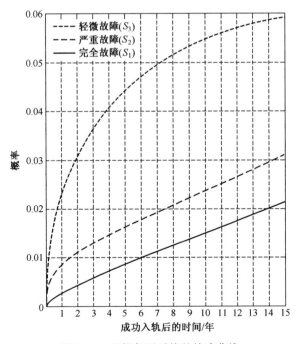

图 7.11　陀螺仪子系统的故障曲线

从图 7.10 可以看出,一个重要的区别是该分析为多态故障分析,不被传统(两态)可靠性分析限制,突出了完全正常运行状态和非致命故障状态之间的差别。为了明确这点,可以按如下过程进行分析。图 7.10 的两条曲线被一个明显且逐渐增大的间隔分开,在第 15 年的时候约有 9% 的差别。图 7.10 上面的可靠度曲线表明,在 15 年后该子系统有 98% 的概率可靠,即该系统有 98% 的可能运行(没坏)。而多态故障分析(图 7.10 中下面的曲线)表明,该系统在 15 年后只有 89% 的概率能完全正常运行。

该差别是不可以忽略的,其有很重要的影响,最重要的影响是 98% 可靠的系统在运行 15 年后也许不会引起任何工程行为,然而 89% 完全正常运行的子系统可能会引起一次谨慎和认真的子系统(部分)故障模型分析或建议进行改善。

一个系统在不同状态(完全正常运行状态与非致命故障状态)上两种概率的差别当然是在部分故障上,而这些部分故障是通过多态故障分析引入和探讨的。在任何一个故障状态超过 15 年的概率如图 7.11 所示,可以看出,该子系统在 $t=10$ 年时,有 5.5% 的概率在某个轻微故障的状态(状态 3),有 2.4% 的概率在某个严重故障的状态(状态 2)——这些状态及其概率在传统的分析中是得不到的,有 1.5% 的概率在某个故障状态(状态 1)。其中最近的概率影响到子系统概率的补充(图 7.11 中的故障曲线是图 7.10 中可靠度曲线的补充)。

可以从图 7.11 中得到其他一些信息,相比其他任何故障状态,陀螺仪子系统更有可能是在轻微故障状态(状态 3)。在严重故障状态(状态 2)的概率比在故障状态(状态 1)的概率高约 0.9%。更重要的是,一个清晰的"先天性退化"趋势比较明显——与传统可靠性分析中的早期故障的概念一样——对于该子系统可以通过每年局部故障状态概率的快速增长得到证明。

这些通过多态故障分析的结论可以用来进一步快速研究航天器特殊子系统"异常和故障的物理现象",也可以指导辨别子系统故障模式及其消除方法的技术研究。

7.5.2 推进器子系统

推进器子系统是引起航天器故障的另一种主要子系统,尤其在航天器早期服役过程中表现得更加明显。例如:在轨道上运行第 1 个 10 年后,有 13% 的航天器故障是由于推进器子系统所引起的;在轨道上运行的第 1 年,有 20% 的航天器故障是由于推进器子系统所引起的(见第 5 章)。

图 7.12 表示推进器子系统的可靠度曲线和在状态 4 的概率,也就是推进器子系统在完全正常运行状态的概率。图 7.13 表示对于状态 1 到状态 3,在退化状态的不同概率。

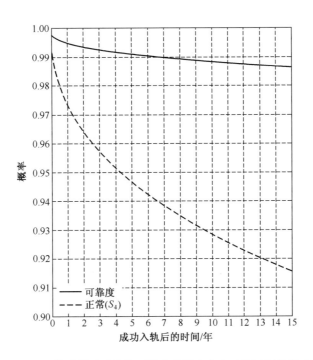

图 7.12　推进器子系统的可靠度曲线和完全正常运行的概率

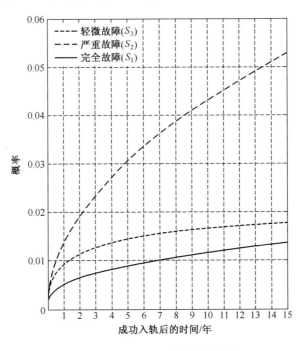

图 7.13　推进器子系统的故障曲线

从图 7.12 可知,与之前讨论的陀螺仪子系统一样,对于推进器子系统,其在完全运行状态的概率曲线很明显低于其可靠度曲线。第 15 年时,在可靠度曲线与完全运行状态曲线之间有着 7% 的显著间隔。如图 7.13 所示,在该系统多态故障分析中值得注意的特点是退化状态的动态性,尤其是在严重故障状态的概率(状态 2)。在轻微故障状态的概率小(小于 2%),而在严重故障状态的概率明显要高很多,其随着时间连续不断地增长最终在第 15 年时达到 5% 左右。在前面的年份里转变成状态 2(严重故障)的概率是快速增长的,称为推进器子系统的"先天性严重退化",就如传统可靠性分析早期故障概念中的多态模拟一样。

总之,当推进器子系统(部分的)故障,其可能是"永久失效",也就是说,一个转变到严重故障、退化的状态(状态 2)。这构成了一个与陀螺仪子系统不同的故障行为,如前所知,陀螺仪子系统在轻微故障状态(状态 3)的概率大于在严重故障状态的概率(状态 2)。推进器子系统在之前(见第 5 章)已被确认为航天器运行过程中容易发生故障的子系统之一。现有的多态故障分析也表明了航天器在轨运行时该系统功能经历了明显的退化。其提供了一个额外的信息,即航天器制造者和装备提供者通常更需要注意改进推进器子系统,由于其不仅促进航天器发生故障且有很高的严重退化趋势。

7.5.3 TTC 子系统

TTC 子系统也是导致航天器发生故障的主要子系统。比如,在轨运行的第 1 个 10 年,19% 的故障是由 TTC 子系统导致的(见第 5 章)。

图 7.14 表示 TTC 子系统的可靠度曲线和在状态 4 的概率,即 TTC 子系统

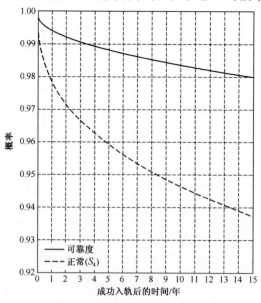

图 7.14 TTC 子系统的可靠度曲线和完全正常运行的概率

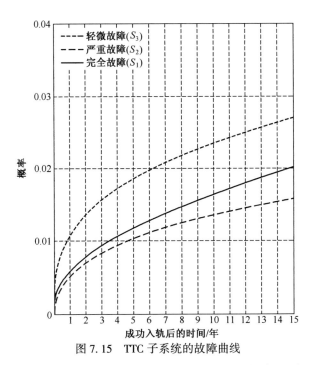

图 7.15　TTC 子系统的故障曲线

在完全正常运行状态的概率。图 7.15 表明从状态 1 到状态 3,在退化状态的不同概率。同样通过观察可以得到之前所讨论系统的结论,为了避免内容重复,这里不再赘述。

7.A　附　　录

通过如下图所示 Volovoi(2004;2006)研发的 SPN@ 软件建立陀螺仪子系统的 SPN 模型。

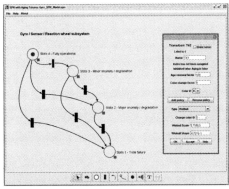

其他子系统多态故障分析的结果如图 7.A.1~图 7.A.16 所示。

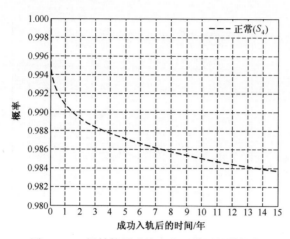

图 7.A.1 梁结构子系统完全正常运行的概率

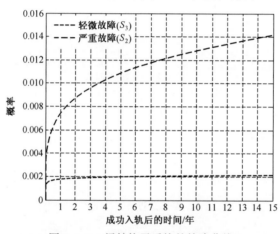

图 7.A.2 梁结构子系统的故障曲线

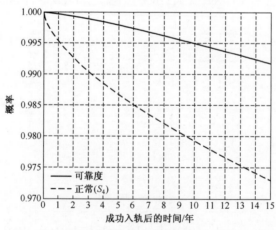

图 7.A.3 控制器子系统的可靠度曲线和完全正常运行的概率

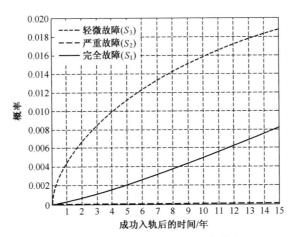

图 7. A. 4　控制器子系统的故障曲线

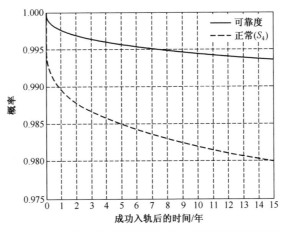

图 7. A. 5　机构子系统的可靠度曲线和完全正常运行的概率

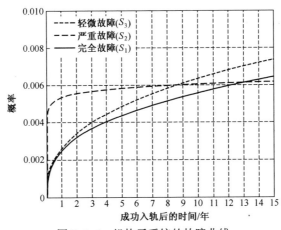

图 7. A. 6　机构子系统的故障曲线

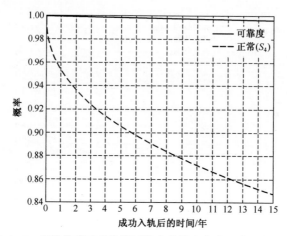

图 7.A.7　有效载荷子系统的可靠度曲线和完全正常运行的概率

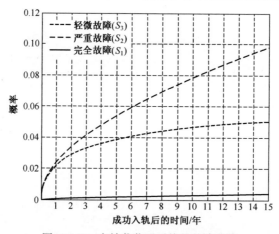

图 7.A.8　有效载荷子系统的故障曲线

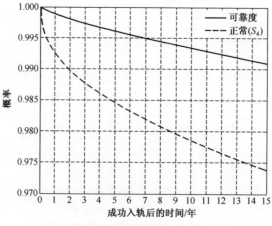

图 7.A.9　电池子系统的可靠度曲线和完全正常运行的概率

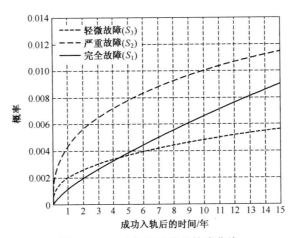

图 7. A. 10　电池子系统的故障曲线

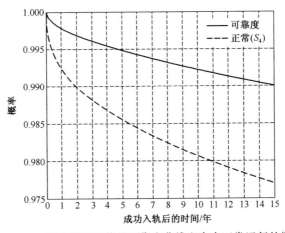

图 7. A. 11　配电器子系统的可靠度曲线和完全正常运行的概率

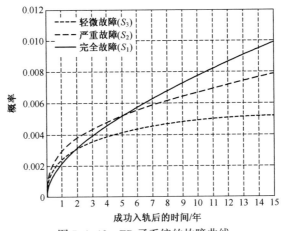

图 7. A. 12　ED 子系统的故障曲线

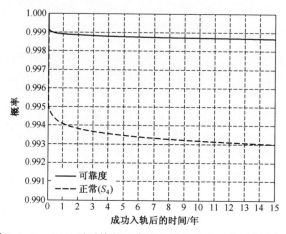

图 7. A. 13　SAD 子系统的可靠度曲线和完全正常运行的概率

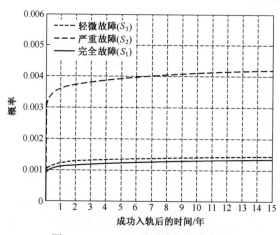

图 7. A. 14　SAD 子系统的故障曲线

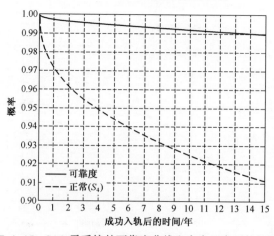

图 7. A. 15　SAO 子系统的可靠度曲线和完全正常运行的概率

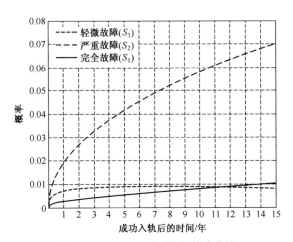

图 7. A. 16　SAO 子系统的故障曲线

第8章 航天器和空间网络的生存性分析[①]

8.1 引　　言

本章在本书前面章节航天器的可靠性研究以及航天器子系统的多态故障分析基础上,拓展到考虑航天器以及空间网络的生存性分析。此外,本章还介绍了一种对随机过程建模和分析的重要工具——随机 Petri 网(SPN),同时通过将随机 Petri 网应用到航天器子系统的多态故障建模过程,完成对航天器的生存性分析。本章提出了系统生存性的定量分析框架,并且通过对一个整星式航天器和空间网络的生存性对比分析阐述定量分析框架的应用。除生存性量化分析框架,本章还阐述了生存性的建模和仿真能力,这些理论不仅对航天研究机构,而且对相关的政府机构以及其他对系统与网络生存性有兴趣的团体和个人来说具有一定的指导意义。

对于很多工程系统(如土木、航天、电力)而言,系统故障的建模、分析和预测是在系统设计和运行工程准则中的核心内容。这些核心设计准则中有如下两个相关联的目标:①根据设计方案处理故障的倾向性和能力来评价不同设计方案并对设计方案进行排序,这是从分析的角度开展工作。②根据如下 3 个方面进行设计方案的选择:一是该设计能够避免这些故障的发生或者尽可能减少这些故障发生的潜在可能;二是一旦这些故障发生了,应尽量减轻故障带来的后续影响或者是限制故障在系统的传播;三是及时有效地让对象从故障中恢复到设计预期。

由于现代系统在设计上越来越复杂,在运行过程中内在关联性也越来越多,因此对于系统失效的分析也更加重要,例如这些系统由于节点失效或者组件的失效能导致突发故障或者明显的性能退化。这些故障可能由于系统内在原因或者外部环境因素(如外力冲击)触发,因此这些局部的故障或者损坏如何在系统传递很有必要进行分析和评定。这些关注点都包含在系统生存性分析和弹性分析中。

[①] 本章的内容根据作者发表在 *Reliability Engineering and System Safety* 上的文章(Castet 和 Saleh,2011)整理而写。

114

8.2 生存性和弹性概述

生存性和弹性两个概念一般在学术文献和技术文献中出现比较多,并且在不同的词汇应用场合往往表示不同的意义。在 ISI Web of Science 的学术词汇进行词汇搜索可以看出,这些概念在一些文献的使用正在增长。从图 8.1 可以看出文献的搜索结果:这些词汇首次在数据库①中出现是在 20 世纪 60 年代,并且在接下来的 10 多年陆续发表的文章都使用了这些词汇,90 年代中期开始,这些词汇在科技文献中快速增长,并且一直持续到现在(仅在 2009 年,就有超过 60 篇关于生存性的文章以及超过 510 篇关于弹性的文章公开发表)。并且,从 80 年代开始,网络系统的生存性和弹性成为一个专题吸引了学术界的兴趣,并且这些专题的研究也在持续增长。

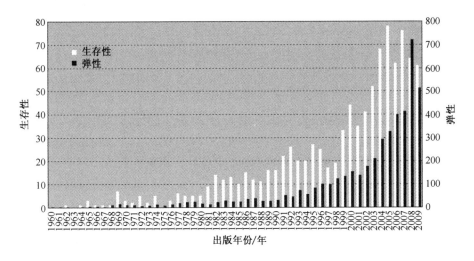

图 8.1 自 1960 年来公开发表的关于生存性和弹性的出版物数量

ISI Web of Science 的搜索情况也表示学术界已经正式接受了生存性和弹性的学术准则。生存性理论正与工程领域进行关联,但弹性理论更多的是在环境科学、心理学和精神病学等学科领域出现。需要指出的是,"弹性"和"可恢复性"在出版物中可以交换使用,并且其意义相同,因此,在本书中统一使用弹性。

---

① 在相关文章的标题中出现过。但是对这些概念的描述更多是出现在相关研究和探讨论文的关键词而不是标题中。

8.2.1 生存性

1. 在军事研究领域

生存性作为一种系统的属性,在军事领域发挥着很大的作用,其对于生存性的试验和分析从 20 世纪 60 年代开始(Ball 和 Atkinson,1995),并且逐步得到了重视。目前在军事领域,生存性理论主要应用于大型平台(如空间飞行器平台)、人因、系统(如军事网络),现在在军事任务分析中应用也越发普遍。从一些关于生存性理论发展过程的文献可以看出,在 1967 年生存性理论首次尝试用来评价空间飞行器的性能(Ball 和 Atkinson,1995;Atkinson 等,1969)到对生存性更多的一些定义(MIL-STD-2069,1981;MIL-HDBK-2069,1997;MIL-HDBK-336-1,1982),美国国防部(DoD)5000. 2-R(1999)给出的定义:"生存性"是某类系统或者某类群体能够避免或者抵御一种人为的严酷环境从而维持其在完成某个特定任务过程中不受损害的一种能力。生存性包括易感知性、脆弱性和弹性。易感知性是指"武器系统由于自身存在的缺陷而感受到某些外界干扰影响的程度"。脆弱性是指"系统在某种人为的严酷环境受某种特定程度的影响而导致了明确退化(或减少完成特性任务的能力)的一种系统特性"。弹性是指"系统在经历了严酷的损伤后能够采取紧急措施使系统性能损失或者是减轻人员伤亡,或者使武器系统能够重新获得完成打击任务的一种能力"。另外,不少公开出版的文献都阐述了关于军事通信网络的生存性问题,这一个领域从 1990 年开始不断地吸引了相关专家和学者的兴趣,并展开了相应的研究。网络的生存性定义为"网络在经受深层次损坏后仍然能够保持网络节点间通信的能力"(Kang等,1988)。

2. 在工程研究领域

随着生存性在军事领域的研究和应用,生存性理论拓展到了其他领域,尤其是强调软件的是电力系统、通信系统和信息系统。值得强调的是,自从社会生活变得明显依赖于各种各样的网络系统,这种模式导致了一旦网络被干扰或失效便产生严重的后续影响,因此生存性已经成为网络系统设计工程师的主要关注点。然而"生存性"这个概念只是在技术交流中传播开来,关于生存性的统一定义并没有被广泛接受。Westmark(2004)根据各种各样出版物中出现的 53 种关于生存性的定义综合形成如下定义:生存性是"给定的系统在给定的工作环境下在面对预设的威胁下能够提供预先规定的最低水平服务的能力"。另外一些引用比较多的关于生存性的定义包括 Ellison 等给出的定义:生存性是一种"系统在外界干扰、故障或者事故影响下仍能够及时完成其任务的能力"。而 Knight等(2003)则关注的是电话通信网络的生存性,其发现之前关于生存性的定义在这个领域中并不是很确切,因此他们提出了一种规范的基于 6 个参数的生存性定义(六元组定义)。这些作者都将系统定义成"在遵从其特定的生存性下能够生存"的系统,并且都对这些特定的生存性进行了数学定义,汇集了系统所有可接受服务水平,系统的这些服务水平值及相对值(根据用户的认知),系统的概率要求,以及系统在特定的运行环境下可能转移情况。相应地,生存性的正式定义和非正式定义并没有明确的界限,甚至还会出现偶尔包含一些概率的术语。但是,如之前定义所指出的,生存性都是和系统及其环境的研究、系统提供给用户的服务以及系统之前便设定的一些需求相关联的这样一个含义。这也是生存性与其他相关的术语如"可用性""性能""安全性""可靠性""交通容量""通信能力"相比,具有更加一般的定义或者测度的原因。

生存性也与其他的概念相关,如弹性。具体生存性和这些概念的关系在下面进行简要讨论。

8.2.2 弹性

弹性也是一个具有多种定义的概念。Caralli(2006)指出,弹性理论最初用来描述材料某类物理属性。根据 Merriam-Webster 词典,弹性是"应变体在承受应力产生变形后能够恢复其原来尺寸和形状的能力"。现在弹性已经不仅仅局限于这种物理定义,弹性理论的概念拓展到其他的领域和准则。尤其是在生态学领域(Walker 等 2004)和心理学领域,在这些领域中,弹性是"人在逆境中能够恢复正常的能力"(Caralli,2006)。与之类似,现在,弹性在工程系统领域、网络领域以及组织学领域中定义成特定对象在经过干扰或破坏后恢复到正常运行状态的能力。根据各种对弹性的定义,弹性包含如下含义:"在受外力预设下有变化的趋势,(到)外力产生作用后发生微小变化或较大变化,(到)外力消失后恢复到预先的状态。"(Caralli,2006)根据这个内涵,在评价系统的弹性性能时,时间变量是一个非常重要的参数,因为时间参数反映了系统从被外力干扰到干扰消除后整个过程中系统的动态响应。

8.2.3 生存性和弹性比较

很多科技文献经常会对生存性和弹性进行比较,比较的结果往往认为弹性是一个更加宽泛的概念,弹性包含生存性。例如,根据主动弹性网络(Xie 等,2005),弹性是"网络在正常运行过程中面对各类挑战仍然能够提供并且保持可接受水平服务的能力",并且补充了弹性是"生存性加上对外界载荷的容错能力"。

Caralli(2006)指出,弹性是生存性的一种拓展,是处理系统对外力冲击或干扰的响应,包括一旦干扰消除后系统恢复到正常运行的过程。因此,在弹性的定义中,基本属性是系统对干扰响应的时间性。

生存性是某类系统或者某类群体能够避免或者抵御人为的严酷环境,从而维持其在完成某个特定任务过程中不受损害的能力。因此,定义中包括环境、外来干扰、性能指标3个要点,每个时间点都要对这些要素进行特定的量化和分析。图8.2给出了系统对外力冲击或干扰的响应,系统的生存性往往和其性能退化① Δp 相关。

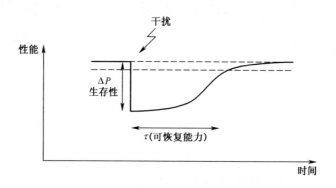

图 8.2　系统在冲击干扰后的响应

系统在受外力冲击下的响应特点反映的是系统的恢复能力,简而言之,是系统要恢复到初始性能水平所需要的事件。如前面所定义的,弹性更广泛定义了同时包括生存性和恢复能力,本章节只对生存性进行讨论。

8.3　生存性框架

我们讨论过,生存性是某类系统或者某类群体能够避免或者抵御人为的严酷环境,从而维持其在完成某个特定任务过程中不受损害的能力。因此,在进行生存性分析的过程中,需要在每个时刻对环境、干扰因素以及性能指标进行量化。生存性分析的抽象框架如图8.3所示,它包括在生存性分析过程中的几个步骤。

从图8.3可以看出,进行系统生存性分析:一是对系统生存性有影响的外界载荷或者外界干扰进行分类和定义。生存性模型和优化模型类似,如果不加额外的信息作为约束条件,模型将陷入死循环中。因此对于优化问题,首先定义好系统如何优化,在系统生存性分析问题中,也定义好系统如何生存,这也是在进

---

① 作为一种边缘的、缓慢的退化过程,尤其是对于高可用度的需求来说,这种退化过程也允许一些系统在性能退化一定水平时仍然继续运行。

图 8.3　生存性分析框架

行系统生存性分析时对于外界冲击或者干扰进行分类定义的必要性。二是对系统或者网络进行构建,包括系统或者网络的(功能)结构,设计方案(如模块化选择、耦合关系、冗余设计等),尤其是关系到系统或者网络的性能的一些特点。三是根据前面的步骤建立系统或者网络生存性分析的数学计算模型。在建模过程中需要考虑外力或者干扰类型等量化信息。Westmark(2004)对一些已有的方法和数学工具进行总结,包括了状态机法、格子图法、马尔可夫过程(包括蒙特卡罗仿真)。本章利用 SPN 进行建模,具体的建模和分析过程后面会进行讨论。四是在前面步骤基础上进行系统受外力作用性能退化的分析评价,即系统生存性分析。

　　为了更好地阐述生存性分析框架的应用,本章用在轨运行的航天器作为案例进行具体的生存性建模分析。案例中考虑的外界载荷或者干扰都是在轨环境下的载荷和冲击,航天器的故障模式主要是考虑子系统的故障(基于前面章节的分析结果,包括图 7.2 给出的子系统模型状态转变图以及表 7.1 和表 7.2 给出的状态转变的威布尔参数),具体的分析对象包括传统的整体式空间飞行器和空间网络。由于飞行器的生存性分析过程中是用 SPN 进行建模,因此在下一节将对飞行器生存性建模和仿真环境进行简要介绍。

8.4　随机 Petri 网简介

　　Petri 网是由德国计算机学者 Carl Adam Petri(1926—2010)于 1962 年首先提出,是一种对离散事件系统建模的双向图论模型,能够显示系统并行或者异步的过程(Peterson,1977)。Petri 网模型有两类节点集,分别是库所集(place)和变迁集(transition)。库所和变迁之间用有向弧进行连接,其中从库所到变迁的有向弧为输入弧,从变迁到库所的有向弧为输出弧。输入弧连接的库所称为输入库所,输出弧连接的库所称为输出库所。Petri 网中库所表示系统的状态或者条件,而变迁则表示影响系统的事件。除了库所、变迁和有向弧,Petri 网模型中还有"托肯"(token),也称为标记(marking),这些标记是依附在每个库所中的。通过这些标记能够实现对库所条件的描述。一旦 Petri 网中某个库所含有一个或者多个托肯,那么系统将视为这个库所具有某种特定状态。简单的 Petri 网模型如图8.4所示。

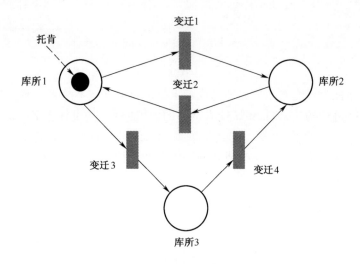

图 8.4　SPN 示意图

Petri 网具有静态和动态属性：Petri 网的基本结构可以描述其静态属性，Petri 网的运行规则则可以反映其动态的属性(Peterson,1977)。Petri 网的运行规则是通过启动变迁的"触发"规则，使得托肯在库所之间动态运行来进行定义的。变迁只有在"使能"的情况时才能够完成触发，也就是说只有变迁的所有输入库所中都存在托肯情况下，该变迁才能够使能。Petri 网中托肯的库所集能够反映系统在给定时刻的所有状态。关于 Petri 网的数学定义可以参考 Peterson(1977,1981)和 Haas(2002)。

随机 Petri 网(SPN)是 Petri 网的一种类型，是将一些随机行为(如指数分布、威布尔分布或对数正态分布)添加到经典 Petri 网中的变迁的触发规则中。开始随机 Petri 网只是用于对制造系统或计算机网络进行建模和分析，但是随机 Petri 网因为其与马尔可夫链同构的优势(Volovoi,2004)，很快应用于系统的可靠性分析和风险评价中。关于随机 Petri 网的具体内容可以参考 Haas(2002)和 Ajmone Marsan(1989)。

图 8.4 是一个简单的随机 Petri 网例子。

在 Petri 网模型中，有两类特别重要的弧，分别是抑制弧(inhibitor arc)和使能弧(enable arc)。抑制弧连接具有托肯的库所和变迁并且具有抑制变迁触发的能力的一类有向弧。使能弧，如 Volovoi(2006)所讨论的，是一种"负抑制的"使得或者强迫变迁发生的一类变迁。从本质上讲，使能弧和抑制弧都是在改变 SPN 模型中的变迁的自然属性(或者是在常规的 Petri 网中加入特定的时延)。图 8.5 给出了 Petri 网中抑制弧和使能弧的示意图。

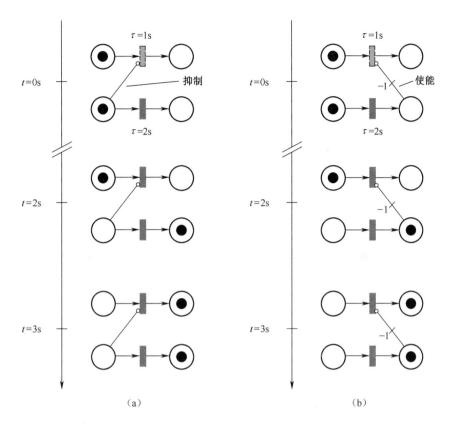

图 8.5　抑制弧和使能弧
(a)抑制弧;(b)使能弧。

　　如图 8.5 所示,上面变迁具有时延 $\tau = 1s$,下面变迁具有时延 $\tau = 2s$。图 8.5(a)为包含抑制弧的 SPN 模型在 3 个时间点(τ 为 0s、2s、3s)的动态运行。从图可以看出,尽管上面的变迁比下面的变迁更快,但是由于存在着抑制弧,托肯在初始时刻使得抑制弧起作用,从而使得上面的变迁在 1s 后也无法触发。下面的变迁在 2s 后便触发,触发后使抑制弧失效,从而使得上面的变迁在 1s(抑制弧失效后 1s)后触发。图 8.5(b)是同样一个系统的 Petri 网模型,只是该模型中没有抑制弧,而是拥有使能弧。在下面的变迁触发后,使能弧激活了上面的变迁(只有当使能弧起作用后,上面的变迁才"开始其时钟")。

8.5　航天器的 SPN 建模及其生存性分析

　　本书选用 SPN 模型而不是经典的马尔可夫链作为建模工具,主要是因为与马尔可夫链(Markov Chain,MC)相比,SPN 模型能更方便处理在系统状态进化过程中的局部建模、时间依赖性以及局部时钟效应。也就是说,在进行系统的生存性分许所需要的模型特性能够更容易应用于 SPN 模型中。例如,在航天器的子系统级别之间的相关性建模过程中,局部分析非常重要。另外,在航天器子系统故障率随时间变化的建模过程中,考虑时间是非常必要的(如第 7 章所提的航天器子系统多态故障中的非恒定故障率和非齐次转变概率的情况)。况且,由于本书考虑的系统由于子系统数量较多,采用 MC 的状态空间将使得系统建模无法可视化。例如,为了表示 12 个子系统,这些子系统中还包括无法确定的分类以及每个子系统中包含的 4 个不同的状态,如果用 SPN 描述航天器所有的状态,那么这个 SPN 模型中至少需要 48 个库所,如果用 MC 方法,则需要超过1600 万的状态数量。总之,在进行系统和子系统的多态故障建模过程中的状态爆炸问题使得在接下来的系统生存性分析中采用 SPN 方法而不是 MC 方法。

因为 SPN 模型的随机特性,需要蒙特卡罗仿真来产生表征随机变迁或者其他随机特性(如每一个状态的驻留时间)行为。本章例子中用了 5000000 次的蒙特卡罗仿真使得系统的随机特性达到一个可以接受的精度。蒙特卡罗仿真次数的影响将会在本节的后部分进行讨论。

在建模过程中,根据图 7.2 给出的流程,每一个航天器的子系统都利用 SPN完成了建模。前面章节中以附录形式给出了航天器陀螺仪子系统 SPN 模型作为例子。第 5 章列出了本次分析过程中涉及的所有航天器的子系统,第 7 章讨论了每个子系统的所有不同状态。

本章作为案例研究的两种空间系统的构型(如图 8.6):一是整星式构型,这种构型只包含一个航天器,但是这个航天器拥有 11 个子系统以及其他无法确定的分类;二是航天工业领域近期提出的一种分离式构型,也称为协作式的空间网络构型,这种构型通过物理布局使得运行在多个轨道上航天器模块的功能之间实现无线通信,能够使航天器在轨运行过程中实现资源共享,包括数据的传输、储存等。初步研究表明,在某种特定条件以及初始条件下,协作式空间网络布局的构型比整星式构型更具有优越性。

利用 SPN 对空间网络和整星式航天器建模的目的是阐述和对比这两种构型系统的生存性分析的不同之处。

本章考虑的空间网络(spaced-based network,SBN)比较简单,只包括两个网络航天器:

第一个航天器是一个整星式航天器(图 8.6 中 SBN S/C #1),包括所有的子系统,该航天器能够与另外一个航天器(图 8.6 中 SBN S/C #2)通信。对 S/C #1航天器系统做一个特殊的框选,称为 BOX1,S/C #1 包含除 TTC 子系统之外的所有子系统,不包含的 TTC 子系统也称为 TTC#1,如图 8.6 所示。

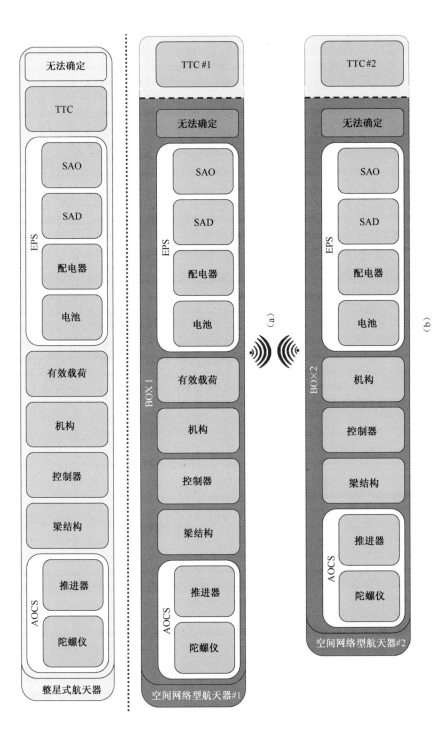

图 8.6　整星式航天器结构(a)和空间网络型航天器结构(b)

第二个航天器只包含所必需的子系统(称为 BOX2,包括位姿控制、控制器、动力源、天线以及结构件等)以及一个 TTC 子系统,称为 TTC#2,当 TTC#1 发生故障后,S/C #1 可以启动 TTC#2。如前面章节所讨论的,TTC 子系统是航天器不可靠时的主要驱动力,SBN 之间的无线通信使得两个航天器形成的空间网络之间有一种 TTC 的冗余设计。

为了对这两种构型的生存性进行分析评价,主要考虑系统层的 4 种状态:

系统状态 4:正常运行,0~5% 的性能损失。

系统状态 3:轻微的性能退化,5%~35% 的性能损失。

系统状态 2:较严重的性能退化,35%~85% 的性能损失。

系统状态 1:失效,85%~100% 的性能损失。

这些状态决定了模型生存性分析的精度水平。提高精度水平只能增加状态定义,但会极大地增加分析和计算的复杂性。SPN 模型的计算结果决定了系统处于这 4 种状态的概率值。基于这两种构型航天器的 SPN 模型的计算概率,本章对这两种构型的生存性进行简短的比较分析。

表 8.1 子系统的不同退化对系统级的影响(条件概率)

子系统	子系统Ⅱ类故障导致系统失效的条件概率/%		
	轻微退化	严重失效	完全失效
陀螺仪	25.7	54.3	20
推进器	50.9	47.3	1.8
梁结构	70.6	23.5	5.9
控制器	0	0	100
机构	100	0	0
有效载荷	33.4	59.1	7.5
电池	56.2	18.8	25
配电器	40	40	20
SAD	40	60	0
SAO	61	31.2	7.8
TTC	43.5	34.8	21.7
无法确定	58.4	33.3	8.3

对于整星式的航天器,其系统级和子系统级的退化或失效需要遵循如下准则:

(1) 如果所有的子系统都是正常运行状态,那么系统也是正常运行状态。

(2) 如果有任何一个子系统处于Ⅰ类故障,那么系统就失效。

（3）子系统的Ⅳ、Ⅲ类故障并不会直接影响系统级。

（4）子系统的Ⅱ类故障根据不同子系统的条件概率值可能会影响系统级轻微退化，较严重退化或者是失效，其条件概率值如表 8.1 所列。表中的概率之所以是条件概率，是因为所有转变到系统退化的概率值都是基于子系统处于Ⅱ类故障的前提下。对于陀螺仪子系统，在已知其处于Ⅱ类故障的前提下，会导致系统轻微退化的概率为 25.7%，导致系统发生严重退化的概率为 54.3%，导致系统失效的概率为 20%。

表 8.2 给出了系统级和子系统级的状态含义以及它们之间的关系。

表 8.2 系统、子系统及状态转换的总结

<table>
<tr><td colspan="2" align="center">状　态</td><td align="center">状态之间的转换</td></tr>
<tr><td rowspan="2">子系统级</td><td>对于每一个子系统,基于子系统异常和故障的 4 种状态:
子系统状态 4:完全正常。
子系统状态 3:轻微异常。
子系统状态 2:严重异常。
子系统状态 1:完全失效。
以上均基于数据库保存的事件等级</td><td>基于统计数据分析的威布尔分布(见第 7 章)</td></tr>
<tr><td rowspan="2">系统级</td><td>基于系统退化的 4 种状态:
系统状态 4:完全正常。
系统状态 3:轻微异常。
系统状态 2:严重异常。
系统状态 1:完全失效(系统级的失效)
所有由作者定义</td><td>系统级状态之间的转换取决于子系统的状态
如果一个子系统

转换到　　　那么系统转换到
子系统状态 3　无转换(对系统状态没有影响)
子系统状态 2　系统状态 3 或者系统状态 2 或者系统状态 1(见表 8.1)
子系统状态 1　系统状态 1</td></tr>
</table>

根据表 8.2 给出的不同状态之间的随机转换准则,本章建立了整星式航天器针对在轨运行过程中发生故障的 SPN 模型,如图 8.7 所示。为了更好地理解航天器的 SPN 模型,图 8.8 根据整个航天器结构和 SPN 模型给出了不同子系统的模型以及系统的状态转移流程。该图还给出了陀螺仪子系统和 TTC 子系统的 SPN 模型的放大图。通过系统状态转移流程,可以清楚地知道系统级的状态定义和状态说明。图中标有"中间状态"的是过渡状态,是根据经验数据以及前面的状态规则用来连接子系统级和系统级的转变状态。

这个 SPN 模型仿真的结果如图 8.12 所示,在 8.5.3 节将对结果进行讨论分析。在讨论结果之前,首先给出 SBN 系统的失效准则。

对于图 8.6 给出的 SBN 结构,本章给出子系统-系统级的故障或者异常的额外的准则:

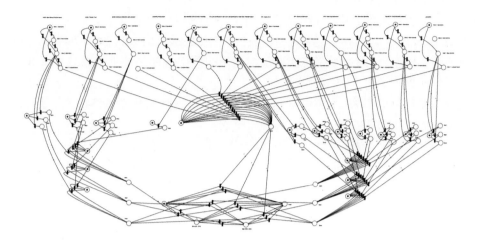

图 8.7　整星式航天器的 SPN 模型:子系统故障和系统级性能退化的多态故障模型

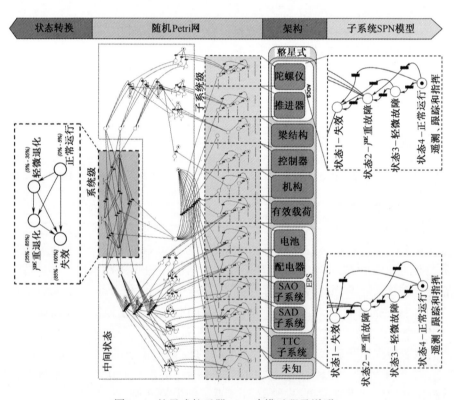

图 8.8　整星式航天器 SPN 建模过程及说明

（1）满足以下任一条件,则系统失效:

① 如果 BOX1 失效；

② 如果 TTC1 失效并且 TTC2 失效，或者 BOX2 失效。

（2）满足以下任一条件，系统在发生较严重的退化：

① 如果 BOX1 发生严重退化；

② 如果 TTC1 严重退化并且 TTC2 失效，或者 TTC2 严重退化，或者 BOX2 失效；

③ 如果 TTC1 失效并且 TTC2 严重退化并且 BOX2 没有失效。

（3）满足以下任一条件，系统轻微退化：

① 如果 BOX1 轻微退化；

② 如果 TTC1 轻微退化并且 TTC2 轻微退化，或者 TTC2 发生严重退化，或者 TTC2 失效，或者 BOX2 失效；

③ 如果 TTC1 发生严重退化并且 TTC2 发生轻微退化以及 BOX2 不发生故障；

④ 如果 TTC1 故障并且 TTC2 发生轻微退化以及 BOX2 不发生故障。

图 8.9 总结了这些规则。基于这些新的规则和每个子系统各自的设计方案（图 8.6 下部分），建立了这种特殊 SBN 结构的 SPN 模型。由于该模型比较复杂，因此将模型放在本章末的附录中。总的来说，对于 SBN 结构的 SPN 建模过程和整星式航天器 SPN 建模过程是类似的。

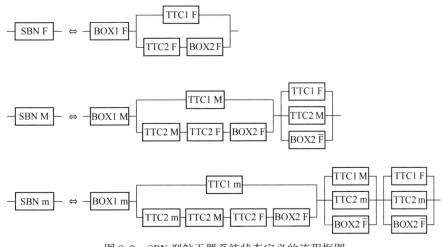

图 8.9　SBN 型航天器系统状态定义的流程框图

F—失效；M—轻微退化；m—严重退化；$\overline{F}$—正常工作。

8.5.1　SPN 模型的测试

由于前面建立的两个航天器的 SPN 模型都比较复杂，为了保证 SPN 模型的合理性,需要对模型进行验证,尤其是验证模型结果能不能反映出实际在轨数据结果。也就是说,验证工作必须对 SPN 模型的有效性进行部分验证(IEEE Std 1012—2004)。首先对整星式航天器的 SPN 模型进行验证,然后用该模型对 SBN 结构的 SPN 模型有效性进行验证,在验模过程中,尤其要针对 BOX1、BOX2、TTC1 和 TTC2 的状态概率值。

已经做完的一项模型验证工作是通过蒙特卡罗仿真法,求解整星式航天器 SPN 模型的可靠度,并将仿真结果与第 2 章给出的 Kaplan-Meier 航天器的可靠度进行对比。图 8.10 给出了这两个结果:图 8.7 中 SPN 模型仿真得到的航天器的可靠度;作为基准的航天器实际非参数可靠度。从图中可以看出,SPN 仿真结果与实际可靠度(更精确说应该是 Kaplan-Meier 可靠度)比较接近——基本保持在1%的误差范围。这个结果表明该 SPN 模型及其状态转变建立的比较合适,该模型的输出指标可靠度能够准确地吻合观测到的该航天器在轨失效数据的统计值。

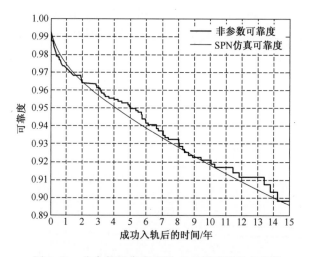

图 8.10 非参数可靠度以及 SPN 模型的输出比较

对于 SBN 结构的 SPN 模型,模型测试得到的 BOX1、BOX2、TTC1 和 TTC2 的状态概率值与截断的整星式航天器 SPN 模型的测试结果进行比较,可以得到这些仿真结果和基准值的误差也保持在1%之内,这表明 SBN 结构的 SPN 模型也比较精确。

继续对 SBN 结构的 SPN 模型进行测试,将系统的仿真得到的状态概率与理论计算值进行比较。根据图 8.9 中提供的计算流程,系统失效的概率为

$$P_{\text{SBN failed}} = 1-(1-P_{\text{BOX1 F}}) \cdot \{1-[1-(1-P_{\text{TCC2 F}}) \cdot (1-P_{\text{BOX2 F}})] \cdot P_{\text{TCC1 F}}\}$$

$$(8.1)$$

式(8.1)等号右边的概率可以通过 SPN 的仿真监控得到。根据式(8.1),

BOX1、BOX2、TTC1 和 TTC2 的状态概率仿真结果可以用来计算 SBN 的故障概率。利用式(8.1)计算的系统故障理论概率值与附录中给出的 SPN 模型的仿真结果进行比较可知,仿真结果和理论值之间的误差范围小于 0.01%。这也说明在 SBN 结构的 SPN 模型中,连接子系统级退化到系统失效的规则进行了合理的建模。

8.5.2 SPN 模型的蒙特卡罗仿真

由于 SPN 模型的随机属性,需要用蒙特卡罗仿真产生表征随机 SPN 中的随机变迁以及其他具有统计特性的行为。由于本章的 SPN 模型相对较复杂,4 组蒙特卡罗仿真样本量分别为 100000 次、1000000 次、5000000 次、10000000 次,对模型进行仿真,通过仿真来评价 SPN 模型输出结果的精度,也就是系统处于各个状态概率值的精度。用蒙特卡罗法对 SPN 模型进行 1000000 次仿真计算需要的总时间为 9min(Intel Core 2 Duo 2.66 GHz 的处理器)。以 10^6 样本量的蒙特卡罗仿真结果作为参考值,对其余 3 组蒙特卡罗仿真在系统级的状态概率值精度进行对比分析,结果如图 8.11 所示。

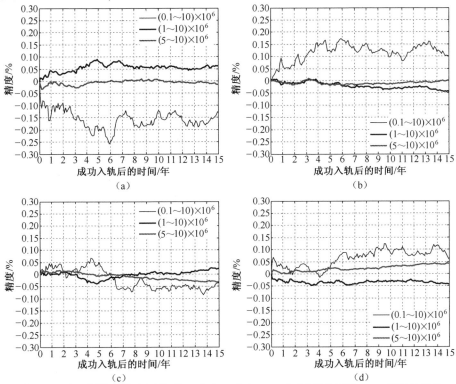

图 8.11 在不同的蒙特卡罗仿真(10^5 次、10^6 次、5×10^6 次)计算下的 SPN 模型的输出
与 1000 万次蒙特卡罗仿真下模型输出结果的比较
(a)完全工作状态;(b)轻微退化状态;(c)严重退化状态;(d)失效状态。

从图 8.11 中可以看出,与基准值相比,其余 3 组的仿真结果误差都能保持在 0.3% 范围内。另外可以看出,在样本量由 100000 次增加到 10000000 次,仿真结果的精度提高不是很明显,基本接近。但是在这个范围内仔细观察,相对而言样本量 100000~5000000 次时可以看到精度明显提高。因此 5000000 次样本量作为既能满足精度要求,又能满足效率要求的仿真次数(100000 次样本量计算需要 5s,1000000 次需要 1min,5000000 次需要 4min,而 10000000 次需要 9min)。

8.5.3 结果分析

对整星式航天器的 SPN 模型进行蒙特卡罗仿真,可以得到模型在运行完好或者是各个不同的失效状态(如正常运行状态、轻微或者严重退化状态、失效状态)下的概率随时间变化,如图 8.12 所示。可以看出,对于整星式航天器而言,

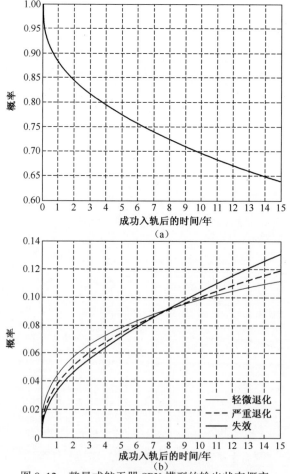

图 8.12 整星式航天器 SPN 模型的输出状态概率

(a)完全工作状态;(b)退化状态。

在轨运行 6 年后,仍然有 75.6%处于正常运行状态,8.4%处于轻微退化状态,8.1%处于严重退化状态,7.9%处于失效状态。类似地,在轨运行 10 年以后,航天器只有 70%的概率处于正常运行状态,也就是说航天器只有 70%的可能性不会经历非正常状况或性能退化。这个结果也对航天器的设计改进或者是试验改进提供重要的参考作用。

　　同样,用蒙特卡罗法对 SBN 结构的 SPN 模型进行仿真计算可以得到对比结果。图 8.13 给出了整星式航天器和 SBN 结构航天器处于正常运行状态的概率以及失效状态概率分别随时间变化的对比。从图 8.13(a)可以看出,SBN 结构

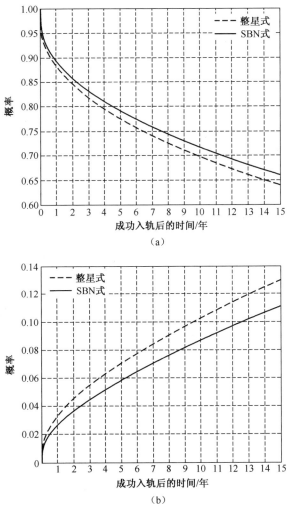

图 8.13　整星式航天器和 SBN 结构航天器运行状态和故障状态的比较

(a)完全工作状态;(b)失效状态。

航天器在任意时刻点比整星式航天器正常运行的概率高,也就是说,正常运行可靠性较高。例如,经过 15 年的在轨服役,SBN 结构有 65.9%的概率处于正常运行状态,而整星式航天器只有 63.9%的概率处于正常运行状态,相比于整星式航天器,SBN 结构航天器这 2%的增量是因为 SBN 结构的网络属性(如图 8.7 中底部分结构)以及航天器能够启动其他资源(如其他航天器的 TTC 子系统)。相应地,图 8.13(b)表明与传统的整星式航天器相比,SBN 结构航天器更不容易进行失效状态。如同样在轨服役 15 年,SBN 结构航天器有 11.2%处于失效状态,而整星式航天器却有 13.1%处于失效状态。

针对这两种构型航天器的分析结果,图 8.14 给出了更小型化和更详细的对比分析,并给出了两种构型航天器在 4 种状态下的概率差异值随时间变化的趋势。其中纵坐标 y 轴表示 SBN 结构航天器的状态概率减去整星式航天器的状态概率。

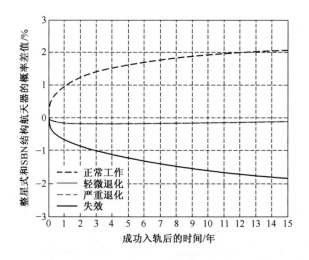

图 8.14　SBN 结构航天器相对于整星式航天器的生存性优势

由图 8.14 可以得到如下分析结论:

(1) SBN 结构航天器处于正常运行状态的概率始终高于整星式航天器处于正常运行状态的概率(图中 y 值,即 SBN 结构航天器和整星式航天器在该状态下的概率差值始终为正数)。也就是说,在任意时刻点,SBN 结构航天器都比整星式航天器处于正常概率的可能性大。前面已经分析过,经过 15 年的在轨服役,SBN 结构航天器仍处于正常工作的状态概率比整星式航天器高 2%,但是在进行方案设计时,需要认真权衡这 2%增量的实际意义以及所需要的花费,也就是从经济性上考虑这个增量。当然,这不是本书研究的范畴,但需要指出的是,一般来说,通信卫星在轨服役 1 年需要花费 5000 万美元,而且这 2%的增量需要增加的开支相当于好几个月的费用。然而,在其他领域如防御领域、智能空间领域等,2%的增量具有非常重要的意义。并且,值得注意的是,这2%的增量只是通过一个子系统(TTC)的"功能冗余"设计实现的,按照这个思路,如果对其他子系统也进行功能冗余设计或者对多颗卫星之间实现资源共享,那么将会产生更大的提升潜力。

(2)对于失效状态,由于SBN结构的状态概率与整星式的状态概率之差为负值,因此,与SBN结构航天器相比,整星式航天器更容易发生故障(这种现象在前面已经进行了相应的解释)。从图中可以看出,这两种构型的航天器在轻微退化和严重退化两个状态上的差异没有那么明显。

需要强调的是,对这些结果的解释需要谨慎对待,尤其是不能随意将结果分析推广到一般问题或者一般化处理。本章所计算的结果只能说明图8.6所示的特定的SBN结构设计方案的系统生存性比整星式航天器的系统生存性高,并且该结果也经过了实际在轨的数据检验。如前面所述,本案例结果也仅仅适用于系统经历在轨服役环境的载荷下的生存性分析,这个结果不能推广到其余的SBN结构和整星式航天器的构型设计,也不适用于其他轨道环境。然而,该案例的实施能够证明本章所提出的系统生存性理论分析框架的可行性,同时在生存性理论分析过程中所采用的建模工具和仿真方法对其他领域或者环境下的系统生存性分析具有借鉴意义。

8.5.4　目前存在的局限性

本小节给出了航天器故障行为建模和分析过程中存在的局限性,这些不足之处仅供读者参考,抑或是作为将来改进的建议。

1. 故障独立

在本章的建模和分析过程中,隐含了子系统的故障独立的基本假设前提。但是在工程实际中,子系统之间可能存在着故障的相关性,例如温度子系统和动力子系统之间存在故障相关。遗憾的是,无论是数据库所提供的信息还是卫星运行报告中内容,都没有明确指出故障的相关性。如一个航天器的第一级故障被判定只由一个子系统导致,而一个子系统发生部分故障的时间和严重程度是有记录可循的。前面说过,本章中案例的统计分析必须基于大量的实用数据,由于数据的限制,航天器子系统之间的共因失效和相关失效并不能进行明确的定义和统计分析。但是需要说明的是,进行这些分析是很重要的研究工作,在将来的研究中,如果数据量允许,开展航天器子系统的共因失效和相关失效是很有意义的(SPN框架能够很容易实现相关失效的建模)。

2. 航天器之间的无线通信

在本章的案例研究中,有一个假设前提是两个网络型的航天器子系统之间的无线通信是完全可靠。但是在工程实际中,很难保证绝对可靠。因此,在生存性分析中,SBN结构航天器相对于整星式航天器的优越性并不是准确体现的。由于在工程实际中缺少航天器子系统的可靠性数据,因此在进行生存性分析中,并没有基于数据考虑两个航天器子系统之间的无线连接中故障的相互影响定量关系,并且将该量化关系作为贝叶斯条件概率融合进去。因此,本书分析的SBN生存性应该作为保守值进行评价。但需要说明的是,可以根据子系统之间的无线连接关系修正SPN模型。

3. 不确定性分析

从前面可以看出,航天器多状态故障的统计分析是基于截尾的统计数据,因此航天器子系统的各个不同状态之间的状态转移概率以及系统可靠度估计值都存在不同程度的不确定性。本章所得出的系统生存性应该是这些概率值中的最优估计。在不确定性传播到最终结果的过程中,会增加很多额外的信息到生存性结果中(遗憾的是,据作者所知,到目前为止还没有SPN软件可以对非参数数据进行仿真)。

4. 规则影响

图8.9定义的规则决定了航天器子系统状态对于SBN结构航天器状态的影响,这也会对本章所研究的两种构型之间的生存性分析的结果有很大影响。在本章进行案例分析过程中,定义了航天器只能够启动对方的TTC子系统,并且在SPN建模和运行规则上都严格按照这个"设计方案"。然而一旦定义了航天器能够启动对方其他的子系统,如控制器子系统等,就必须对系统建立新的SPN模型,而且增加额外的运行规则。以目前的技术,在不同的航天器之间进行有效的动力能量束射还不够成熟(Lafleur 和 Saleh,2009),但这是一个发展方向,毕竟这个技术能够支持SBN系统实现动力子系统的功能冗余。

8.A　附录　空间网络的 SPN 模型及其图解

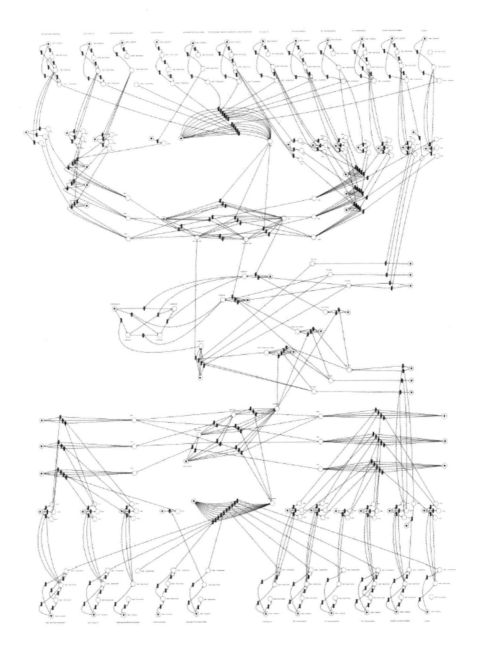

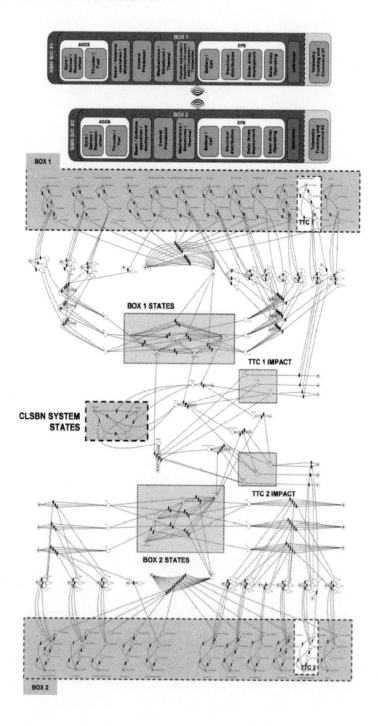

后　记

Huckleberry Finn 在即将结束他的冒险举动时的叙述中宣称(用视觉方言):

没有什么可写的了,此时我自己很高兴。如果我事先知道我即将要编写的书是多么麻烦以及我无法解决的困难时,我肯定不会进行的。

Twain 的评论有些让我们啼笑皆非,很多时候我们也会有第二句的感觉——但不会是第一句的。对于本书而言,恰恰与上面相反的一面更能够准确地反映出真实的情况。因为本书所涵盖的内容比较少,仅仅是航天器可靠性工作的一个点,所有很多就此延伸的工作与内容有待挖掘和撰写。

例如,在本书中没有分析软件系统对航天器故障的影响,而软件系统也是航天器正常工作非常重要的一部分,需要非常仔细的分析、理解和优化。

另外,在引起航天器子系统故障的判别方面,本书也没有进行深入的讨论和剖析。如第 5 章所述的有 4%~8% 的在轨故障被归类到"无法确定"的原因和子系统,当然,这涉及航天器在轨健康监测(Health Monitoring)和在轨遥测点。在将来的工作中,需要对航天器在轨健康监测与诊断进行深入仔细的研究和讨论,由此带来的包括近年来航天器在轨遥测点由几百个上升到几千个。航天器健康数据的急剧增加也为人机交互技术提出了新的挑战,以及为认知工程提供了新的机遇。一般来说,克服了这些挑战,认知工程对航空器的座舱和报警系统的设计具有非常显著的作用。考虑过多的人因似乎对这个方面没有太大的作用,其在促进航天器的飞行控制操作技术更加成熟。

最后,本书所采用的统计方法是航天器可靠性及其子系统多态故障的实际统计结果的进一步发展,具有一定的局限性,但至少对围绕这一主题的研究方法具有一定的作用和影响。下一步的工作应该聚焦到航天器及其子系统的故障物理研究,即它们实际的故障模式和故障机理的研究。

除了这些以专门的处理措施和发表的文献为中心内容的工作以外,把航天器在轨可靠性结果反馈到航天器的测试阶段以及后续的研发阶段才会有意义。毕竟对航天器在轨异常和故障的事后分析的中心主题,仍然是为预防它们在将来发生故障而提供多种手段和措施。

我们将以对航天工业的一些建议作为本书的总结。通过许多公共的和私人的所经历的风险表明,一个航天器在轨可靠性测试床可以综合各种设备和技术为多个利益相关人服务。测试床及其管家功能的基本功能,基础模块的设计制造可以根据系统的功能特性来进行,比如,可以按照插入式模块的故障监测功能进行设计。在轨可靠性测试床可以加快航天工业中的创新步伐以及技术孵化的步伐,它的发展可以带来相关科技及组织技术的挑战(如费用、风险以及数据共享等),但是从航天工业的长远来看,还是会带来显著的作用和意义。

希望在本书后续的修订和更新中,第 8 章的基于空间网络的航天器会有新的发展。并且,一个庞大的航天器届时会像现在不联网的计算机一样成为过去时。

以 Edward Gibbon(1737—1794)在评价《罗马帝国的衰退和没落》中说的一句激励了他人生许多年的话作为本书的结束语:

　　不管我的希望是如何的不恰当不充分,我终将会把我的好奇心与坦诚带给这个社会和公众。

附录 A　地球同步轨道通信卫星：系统可靠性及其子系统故障分析[①]

本附录的内容是对地球同步轨道（GEO）通信卫星这一类航天器的故障信息进行分析，地球同步轨道通信卫星是航天工业中的一个主要产品，其制造量和发射量最大，而且经济效益最大。

因此，本书提供了此类航天器更为详细的可靠性分析作为附录内容。附录包括两个部分：第一部分是地球同步轨道通信卫星系统的非参数分析以及参数化的可靠性模型分析；第二部分主要是卫星子系统异常和故障行为分析，同时通过对各个子系统在轨故障进行跟踪记录，进行了健康积分卡分析。

A.1　系统可靠性分析

在此部分，一共对在 1990 年 1 月至 2008 年 10 月之间成功发射的 449 颗地球同步轨道通信卫星进行分析。首先进行非参数的可靠性分析，然后进行参数化模型拟合分析。

A.1.1　卫星故障数据的非参数分析

本节利用 Kaplan-Meier 估计对卫星故障数据进行处理，读者可以通过第 2 章了解关于 Kaplan-Meier 估计的具体知识。对于 449 个卫星样本，一共有 20 次故障以及 429 次监测记录，故障的次数如附表 A.1 所列。

然后利用 Kaplan-Meier 估计对这些数据进行处理，可以得到地球同步轨道通信卫星可靠度的 Kaplan-Meier 图，如图 A.1 所示。

从图 A.1 可以看出，在成功发射之后，卫星的可靠度经过在轨运行 2 年后会下降到 98.6% 左右，更精确统计如下：

<hr />

[①]　本附录内容是本书作者和 Rachel Haga 合作撰写完成。本章内容部分基于发表在 IEEE2011 年航天会议（*IEEE 2011 Aerospace Conference*）的文章（Haga and Saleh，2011），以及发表在 2009 年国际通信卫星系统年会（*International Communications Satellite Systems Conference 2009*）的文章（Castet 和 Saleh，2009）整理完成。

$$\hat{R}(t) = 0.9858 \quad (1.977 \text{年}(722\text{天}) \leqslant t \leqslant 3.072 \text{年}(1122\text{天}))$$

A.1　故障数据　　　　　　　　　　　单位:天

1	123	128	364	701
722	1122	1797	2181	2429
2472	2577	2580	2917	2947
3268	3455	3684	4192	4324

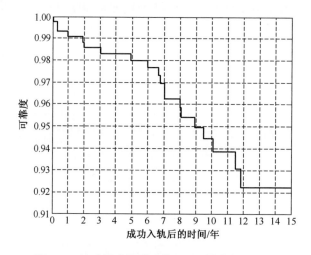

图 A.1　地球同步轨道通信卫星可靠度的 K-M 图

从图 A.1 中同样可以看出,卫星在轨服役 6 年后,其可靠度下降到 97.7%
左右,经过 12 年,卫星的可靠度下降到 92.2%,从图 A.1 可以得到表 A.2 中的
数据。

表 A.2　地球同步轨道通信卫星的 Kaplan-Meier 数据表

故障时间/年	可靠度
0.0027	0.9978
0.3368	0.9955
0.3504	0.9932
0.9966	0.9908
1.9192	0.9883
1.9767	0.9858
3.0719	0.9831
4.9199	0.9801

故障时间/年	可靠度
5.6713	0.9768
6.6502	0.9733
6.7680	0.9698
7.0554	0.9661
7.0637	0.9625
7.9863	0.9585
8.0684	0.9543
8.9473	0.9496
9.4593	0.9445
10.0862	0.9387
11.4771	0.9308
11.8385	0.9224

图 A.1 中可以得到一个明显趋势是：与在轨前 6 年相比，卫星在后 6 年中可靠度是逐步下降的，对于这个趋势，在进行参数拟合后会进一步讨论。

A.1.2 置信区间分析

如第 2 章所述，Kaplan-Meier 估计（式（2.10））对可靠度进行了极大似然估计，但是该估计 $\hat{R}(t_i)$ 并不能说明可靠度的分散性。实际上，其分散性是由估计值的方差或者标准差决定的，通过其方差和标准差可以得到估计值的上界和下界，如置信度为 95% 的区间（也就说，真实的可靠度有 95% 的可能性落在这两个计算值形成的区间范围内，并且在这个范围内 Kaplan-Meier 估计可以提供一个最佳估计值）。读者可以通过第 2 章来了解置信区间的计算，对地球同步轨道通信卫星可靠度的置信区间的分析结果如图 A.2 所示。

对图 A.2 进行垂直剖解，可以得到以下结论：

（1）在第 4 年时，卫星可靠度有 95% 的可能性落在 97.1% ~ 99.6% 之间，也就是说，这两个数据构成了卫星在第 4 年时的可靠度为 95% 的置信区间。此外，卫星可靠度在这个时刻上的最佳估计值 $\hat{R} = 98.3\%$。

（2）在第 11 年时，卫星可靠度有 95% 的可能性在 91.0% ~ 96.7% 之间，同时，卫星可靠度在这个时刻的最佳估计值 $\hat{R} = 93.9\%$。

同时可以看出，$\hat{R}(t_i)$ 的分散性随着时间的增长而增加，这个也可以从图 A.2 中卫星可靠度的 Kaplan-Meier 估计值的置信区间跨度变化看出。这是由

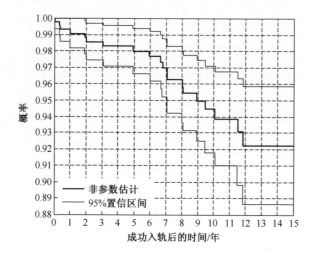

图 A.2　95%置信区间下地球同步轨道通信卫星的可靠度

于随着时间的推移,样本量的逐渐减少造成的。这也说明了卫星可靠度通过 Kaplan-Meier 估计得出的非参数估计值会随着时间的增加而精度逐渐下降。例如,在轨服役 12 年后,卫星可靠度的极大似然估计值 $\hat{R}$ =92.2%,其 95% 的置信区间分散性超过了 7.2%;而同样是极大似然估计,在第 2 年时, $\hat{R}$ =98.6%,其 95%的置信区间分散性只有 2.3%。

从图 A.2 得到的列表数据见表 A.3。

表 A.3　图 A.2 中地球同步轨道通信卫星的 Kaplan-Meier 数据表

故障时间/年	95%的置信区间	
	下界	上界
0.0027	0.9934	1.0000
0.3368	0.9892	1.0000
0.3504	0.9855	1.0000
0.9966	0.9818	0.9998
1.9192	0.9781	0.9985
1.9767	0.9745	0.9971
3.0719	0.9707	0.9955
4.9199	0.9664	0.9938
5.9713	0.9618	0.9919
6.6502	0.9568	0.9899

续表

故障时间/年	95%的置信区间	
	下界	上界
6.7680	0.9519	0.9877
7.0554	0.9470	0.9853
7.0637	0.9422	0.9829
7.9863	0.9367	0.9802
8.0684	0.9311	0.9775
8.9473	0.9247	0.9744
9.4593	0.9178	0.9711
10.0862	0.9099	0.9675
11.4771	0.8983	0.9632
11.8385	0.8863	0.9585

A.1.3 地球同步轨道通信卫星可靠性的参数拟合

地球同步轨道通信卫星非参数可靠性的威布尔分布图如图 A.3 所示。读者可参考第 3 章详细了解威布尔图的相关内容。

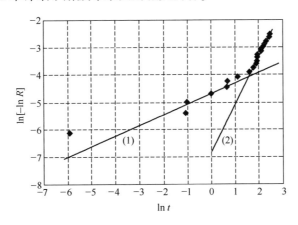

图 A.3 地球同步轨道通信卫星非参数可靠性的威布尔分布图

通过图 A.3 可得到几个结论，其中最重要的是，图中数据点没有很好地连成一线，因此运用一参数威布尔分布作为地球同步轨道通信卫星可靠性模型是不准确的。为了突出非参数可靠度的变化趋势，在图 A.3 中，根据经验数据做出两条直线：直线 1 是样品初期可靠性的近似拟合，因此适用于在轨早期运行；直线 2 是样品在轨后期的近似拟合。此外，直线 1 的斜率小于 1，威布尔分布图中直线的斜率代表相关威布尔分布的形状参数，表示卫星群的故障行为。因此，直线 1 的形状参数小于 1,表示地球同步轨道通信卫星的早期故障。然而直线 2 的斜率大于 1,也就是相关的形状参数大于 1,表示轨道中的耗损故障。威布尔分布的任何平均斜率及相关形状参数无法表征地球同步轨道通信卫星故障行为的观测值。斜率自小于 1 到大于 1 变化,这些卫星的故障率是非单调的。因此故障率单调的威布尔分布和对数正态分布,只能捕捉卫星故障趋势的观测值之一,而不能模拟另一个。

以上讨论表明,需要运用有限混合模型来准确表示地球同步轨道通信卫星的非参数可靠性。因此运用极大似然估计法推导关于卫星可靠性的双威布尔混合分布的参数。读者可参考第 3 章学习混合分布和极大似然估计法的相关细节,结果列于表 A.4。

可靠性函数由下式给出:

$$R(t) = 0.9490\exp\left[-\left(\frac{t}{39830.5}\right)^{0.4458}\right] + 0.0510\exp\left[-\left(\frac{t}{9.7}\right)^{4.6687}\right]$$

$$(A.1)$$

表 A.4　极大似然估计法

方法	β_1	θ_1/ 年	β_2	θ_2/ 年	α
极大似然估计法	0.4458	39830.5	4.6772	9.7	0.9490

注意,混合分布是由早期故障($\beta_1 < 1$)的单威布尔分布与耗损故障($\beta_2 > 1$)的单威布尔分布组成的。

地球同步轨道通信卫星可靠度的参数拟合与非参数拟合的结果如图 A.4 所示。

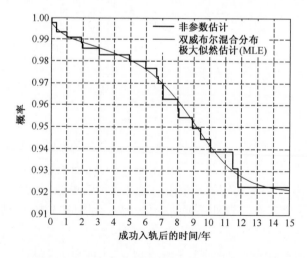

图 A.4　地球同步轨道通信卫星可靠度的双威布尔混合分布的非参数拟合

双威布尔混合分布推导得到的故障率如图 A.5 所示。读者可参考第 4 章了解更多关于故障率的内容。为方便解读,y 轴采用对数坐标。图 A.5(a) 的 x 轴采用对数标尺,提供了卫星在轨早期故障率的变化曲线,可见地球同步轨道通信卫星的故障率呈过山车式变化。

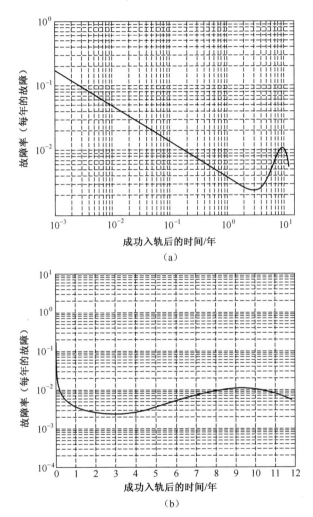

图 A.5　双威布尔分布得到的地球同步轨道通信卫星的故障率

接下来分析此混合分布模型的拟合质量。

通过对图 A.4 的观察,双威布尔混合分布对于卫星非参数可靠性的研究准确性高,同时描述出了早期故障和耗损故障(过去 6 年急剧下降)。为了定量地评估准确度,计算了非参数可靠性(基准)和参数模型之间的最大误差和平均误差。结果列于表 A. 5,提供了一种衡量拟合效果的方法。

表 A. 5　非参数和参数拟合之间的误差

模型	最大误差/%	平均误差/%
双威布尔混合分布	0.85	0. 20

如表 A. 5 所列,运用由式(A.1)给出的威布尔混合分布作为地球同步轨道通信卫星的可靠性模型,相对于基准,平均误差 0.2% 是这些系统可靠性的实际最佳估计,这表明在可靠性分析方面具有显著的准确性。

除了最大误差和平均误差的计算,对单威布尔、双威布尔混合分布和三威布尔混合分布①的参数拟合求残差平方和的结果,如图 A. 6 所示。它们的残差箱线图如图 A. 7 所示。

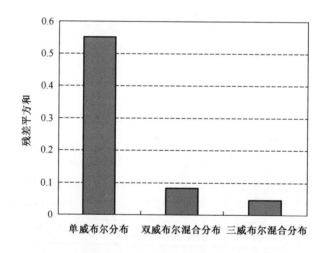

图 A. 6　不同参数拟合的残差平方和

图 A. 6 表明,通过运用混合模型,参数拟合的准确性得到极大提高。然而,三威布尔混合分布相对于双威布尔混合分布准确性提高是有限的。

另外,双威布尔混合模型的适用性是显而易见的,式(A.1)的非参数可靠性的威布尔分布如图 A. 3 所示。图 A. 8 的结果是由斜率明显不同的两部分连接起来的,同时拟合了早期故障($\beta_1 < 1$)和耗损故障($\beta_2 > 1$)。

---

① 单威布尔分布和双威布尔混合分布都是根据 MLE 得到,三威布尔混合分布是根据非线性最小二乘拟合得到。

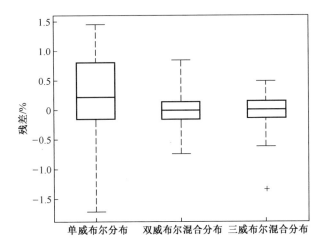

图 A.7 参数拟合和非参数可靠性残差的箱线图

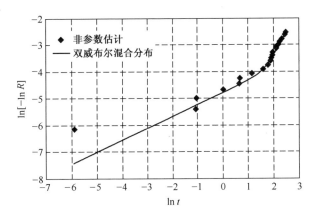

图 A.8 非参数可靠性的威布尔分布和双威布尔混合分布

A.2 子系统异常与故障

本章这一部分分析了地球同步轨道通信卫星子系统的异常与故障,为在轨卫星建立一个健康卡片,从而提供每一个子系统在轨异常和故障的记录。

本节之前分析的 449 颗地球同步轨道通信卫星数量进一步减少到在 1995年 1 月 1 日之后发射的,由北美和欧洲卫星制造商制造的卫星。在这项研究中,之所以排除自旋卫星,是因为它们采用相对落后的技术,不再是典型的设计先进的航天器。本书研究的卫星平台包括 Boeing 601 系列、Boeing 702 系列、EADS A2100AX、OSC STAR 2、Spacebus 3000 和 4000 系列、Loral 1300 系列。附录的第二部分主要分析了共 166 颗卫星,它们共计在轨工作 924.9 年。此外,1995 年 1 月至 2008 年 10 月共记录了 166 次故障事件,包括 60 次轻微故障、104 次严重故障和 2 次致命故障。

特别说明:对于 Boeing 601 和 Loral 1300,样品只包含了 1995 年后发射的卫星平台所发生的变化。因此,本书提到的 Boeing 601 系列并不是所有的 Boeing 601 平台,仅是 1995 年 1 月 1 日后发射的,即 Boeing 601HP、Boeing 601 Modified 和 Boeing 601 Goes-NP。同样的,提到的 Loral 1300 也不是所有的 LS-1300 系列平台,仅是 LS-1300 HL、LS-1300 SX 和 Loral 1300 X。

该研究所运用的数据库主要针对以下列举的子系统(见第 5 章):

(1) 陀螺仪/传感器/反作用轮(陀螺仪);

(2) 推进器/燃料(推进器);

(3) 梁结构/天线操作机构/展开机构(梁结构);

(4) 控制器;

(5) 机构/结构/热结构(机构);

(6) 有效载荷设备/放大器/在轨数据处理器/计算机/转发器(有效载荷);

(7) 电池;

(8) 配电器;

(9) 太阳电池阵展开机构(SAD);

(10) 太阳电池阵驱动机构(SAO);

(11) 遥感、跟踪和指令发射器(TTC)。

除了辨识以上所述子系统,数据库还识别不同等级的故障事件。下面按照故障严重程度增大的顺序进行列举。

Ⅳ类故障:轻微的、暂时性的、可维修的故障,并且故障不能造成航天器及其子系统在轨运行期间产生明显的长期性的影响。

Ⅲ类故障:比较严重的不可维修故障,会使航天器及其子系统在轨运行过程中失去冗余备份的能力。

Ⅱ类故障:严重的不可维修故障,会影响航天器及其子系统在轨长期服役。

Ⅰ类故障:会使航天器终止运行的子系统故障,即会使航天器完全失效的子系统故障模式。

为了方便统计分析及其他结构上的原因(见第 6 章),该研究将故障行为分为轻微故障(Ⅳ、Ⅲ类)、严重故障(Ⅱ级)和致命故障(Ⅰ类)三类。

A.2.1 子系统的健康卡片

建立健康卡片是对航天器子系统在轨期间异常和故障进行记录(快照)。

健康卡片包括数据库的原始数据和通过对不同参数计算得到的结果。图 A.9 以 SAO 子系统的健康卡片为例,描述这一工具的基本内容。其他子系统的卡片见本附录最后部分。该研究的观察时间是从 1995 年 1 月到 2008 年 10 月。给出的信息反映了两个日期之间特定数量的地球同步轨道通信卫星子系统在轨异常和故障记录。可认为健康卡片是定期更新的动态文档。

如图 A.9(a)所示的健康卡片表示故障事件的总数量,同时分别统计不同严重程度(次要、重要、致命)故障事件的数量。如图 A.9 所示,以 SAO 为例,在观察期间总共发生故障事件 36 次:3 次轻微故障,32 次严重故障,1 次致命故障。

子系统健康卡片分为 7 部分或者方图,下面将具体介绍。

方图 1 表示某子系统发生的故障事件数占总故障事件的百分比,其中此研究记录的卫星群的总故障事件为 166 次。方图 1 显示的是某子系统导致的故障所占的百分比。如图 A.9 所示,方图 1 表示所有故障中归因于 SAO 子系统的占21.7%,与其他子系统相比,这是很高的比例,下一部分将进一步讨论。

方图 2 表示给定严重程度下,某子系统对所有故障事件的影响程度。以SAO 子系统为例,卫星群的所有轻微故障(共 60 次)中,有 5%是归因于 SAO 子系统,所有严重故障中的 30.8%、所有致命故障中的 50.0%归因于 SAO 子系统。

方图 3 表示某子系统的平均故障率(每 10^8h 发生的故障事件所占的比率,也称为 FIT,本书测试的是在轨卫星)。如图 A.9 所示,方图 3 表示 SAO 平均故障率是 4443 FIT。

方图 4 是在方图 3 的基础上进一步拓展得到的,表示不同严重程度下的平均故障率。如图 A.9 所示,SAO 子系统平均致命故障率为 123FIT,平均重要故障率为 3950FIT,平均轻微故障率为 370FIT。因为这两个方图采用相同的在轨测试时间作为分母,方图 4 中 3 个平均故障率的和等于方图 3 的平均故障率(不考虑取整误差)。

方图 5 基于卡片左上角提供的原始数据,讨论子系统分别发生轻微故障、严重故障、致命故障的倾向程度。方图 5 所示的百分比是某子系统给定严重程度下的故障事件数量除以该子系统的总故障事件数量所得到的结果。以 SAO 子系统为例,89%的故障为严重故障,这说明 SAO 子系统倾向于严重故障。

方图 6 提供了两个方面的重要信息,分别为系统的故障直方图和故障集中度。直方图显示的是所有卫星中,给定子系统发生 n 次故障的卫星数量。如图 A.9 所示,136 颗卫星的 SAO 子系统没有发生故障,24 颗卫星发生了 1 次故障,6 颗卫星发生 2 次故障。故障直方图表明该样品中卫星的 SAO 子系统故障不超过 2 次。此直方图说明了 SAO 子系统故障在 166 次卫星总故障事件中是如何分布的。直方图的信息可用来推导出其他方面的信息。健康卡片中一个重

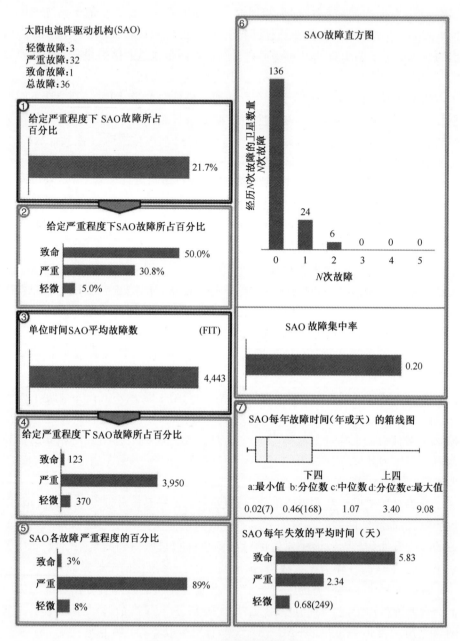

图 A.9　SAO 子系统的健康卡片

要的比率是子系统的故障集中度,见方图 6 的下部。以 SAO 子系统为例,这个比率是 SAO 子系统多次故障的航天器数量除以 SAO 子系统故障的航天器总数量所得到的结果。这个比率反映了在航天器中特定子系统发生多次故障的程度。方图 6 下部的图表显示 SAO 子系统故障集中度为 0.2,也就是发生 SAO 子系统故障的航天器中有 20% 发生多次故障。高故障集中度可说明很多问题,如子系统的故障事件是否独立(共因或者联锁故障)或者特定航天器平台是否有发生特有问题的故障子系统。

方图 7 是时间维度的分析,即航天器进入轨道后,子系统发生故障的时间。计算结果以箱线图的形式显示(有关箱线图的知识见第 3 章)。以 SAO 子系统为例,第一次故障发生在发射后的 0.02 年(7 天),最后一次故障发生在 9.08 年,故障发生时间的中位数为 1.07 年,下四分位数和上四分位数分别是 0.46 年(168 天)和 3.40 年。本附录采用的规则是:如果发生故障的时间小于 1 年,则插入括号标注天数。图 A.9 的箱线图说明,发生 SAO 子系统故障的卫星大部分处于使用寿命早期(大约 50% 出现在入轨第 1 年)。此外,方图 7 下部的图表示不同严重程度的平均故障前时间。比如,对于 SAO 子系统,平均致命故障前时间为 5.83 年,平均严重故障前时间为 2.34 年,平均轻微故障前时间为 0.68 年(249 天),说明 SAO 子系统较严重的故障容易发生在卫星寿命的后期。

其他子系统的健康卡片见本附录最后。

A.2.2　子系统健康卡片的对比分析

健康卡片包含每一个航天器子系统故障事件的大量信息,跟踪记录每一个子系统的在轨故障。这些卡片还可以用来做不同子系统的故障和异常的对比分析。卡片上给出多个参数和数据,因此做出这样的对比分析是很有可能的。这部分内容将选择健康卡片的参数,对不同子系统进行对比分析,即"某一子系统导致的故障占所有故障事件的百分比""不同严重程度故障所占百分比""故障集中度"对"故障事件数量"的散点图""故障发生时间的箱线图"等。

图 A.10 收集了所有子系统的方图 1 中的信息,并比较不同子系统故障占所有故障事件的百分比。每一个竖条代表子系统的故障事件所占的比率,然后详细分为不同严重程度讨论。

图 A.10 表明,导致通信卫星故障的主要原因是推进器子系统故障(25.3%),SAO 子系统故障(21.7%),有效载荷子系统故障(16.9%)和 TTC 子系统故障(13.9%)。通过发射前广泛测试,严格筛选,或者适当提高冗余度来提高这些子系统的可靠性,对通信卫星的正常工作有重要作用。反之,机构子系统和 SAD 子系统共导致了 2.4% 的故障,鲁棒控制处理器没有导致卫星群的故障。

除了揭示最容易发生故障的子系统,在故障频率方面,图 A.10 在系统故障的严重程度方面提供了非常有价值的信息。比如,陀螺仪子系统和电池子系统发生

基于统计的航天器可靠性和多态故障分析

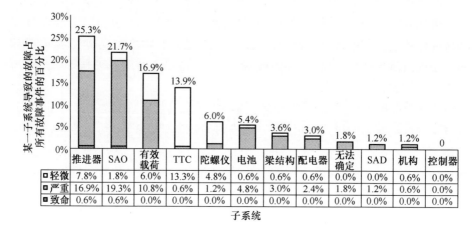

	推进器	SAO	有效载荷	TTC	陀螺仪	电池	梁结构	配电器	无法确定	SAD	机构	控制器
□轻微	7.8%	1.8%	6.0%	13.3%	4.8%	0.6%	0.6%	0.6%	0.0%	0.0%	0.6%	0.0%
■严重	16.9%	19.3%	10.8%	0.6%	1.2%	4.8%	3.0%	2.4%	1.8%	1.2%	0.6%	0.0%
▣致命	0.6%	0.6%	0.0%	0.0%	0.0%	0.0%	0.0%	0.0%	0.0%	0.0%	0.0%	0.0%

图 A.10　不同子系统故障占所有故障的比率

的故障数量大致相等(分别为 6.0% 和 5.4%),但按不同严重程度分开讨论时,两者有明显的不同:陀螺仪子系统更多地发生"轻微"的故障,而电池子系统更多地发生"严重"(第二等级)的故障,从而对卫星的正常工作(解体)影响更严重。

图 A.11 收集了所有子系统方图 5 的信息,并显示了每个子系统故障中不同严重程度故障所占的比率。计算结果按重要故障所占比率减小的顺序进行排列。图 A.11 突出故障的严重程度,图 A.10 突出每个子系统故障的次数。图 A.11 显示 TTC 子系统更多地发生"轻微"故障,所有故障中的 96% 是轻微故障,而电池子系统或 SAO 子系统更多地发生"严重"故障,89% 为严重故障。图 A.11 在子系统方面考虑了故障的 3 个等级(轻微、严重、致命),提供了更为综合的描述。

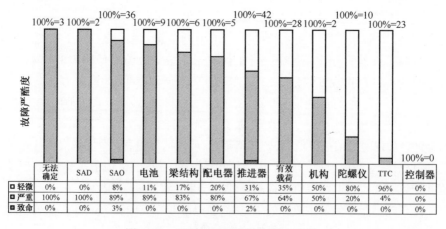

	无法确定	SAD	SAO	电池	梁结构	配电器	推进器	有效载荷	机构	陀螺仪	TTC	控制器
□轻微	0%	0%	8%	11%	17%	20%	31%	35%	50%	80%	96%	0%
■严重	100%	100%	89%	89%	83%	80%	67%	64%	50%	20%	4%	0%
▣致命	0%	0%	3%	0%	0%	0%	2%	0%	0%	0%	0%	0%

图 A.11　不同严重程度故障所占比率

图 A.12 收集了所有子系统卡片方图 7 的信息，故障时间的箱线图，并按中位数降低的顺序排列。图表同时显示了不同子系统故障时间的离散程度（线）和集中程度（下四分位数和上四分位数）。比如，电池子系统的故障局限在在轨前 2 年，而陀螺仪子系统的故障发生在前 10 年。此外，图 A.12 显示的 10 个子系统中，8 个故障时间的中位数小于 2 年，所有子系统均在前两个月内发生故障事件。这说明所有子系统有早期故障（早期异常）的倾向，这要求卫星制造单位通过完善发射前的试验程序来排除这些故障。

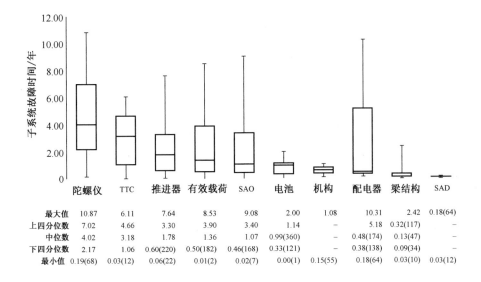

	陀螺仪	TTC	推进器	有效载荷	SAO	电池	机构	配电器	梁结构	SAD
最大值	10.87	6.11	7.64	8.53	9.08	2.00	1.08	10.31	2.42	0.18(64)
上四分位数	7.02	4.66	3.30	3.90	3.40	1.14	–	5.18	0.32(117)	–
中位数	4.02	3.18	1.78	1.36	1.07	0.99(360)	–	0.48(174)	0.13(47)	–
下四分位数	2.17	1.06	0.60(220)	0.50(182)	0.46(168)	0.33(121)	–	0.38(138)	0.09(34)	–
最小值	0.19(68)	0.03(12)	0.06(22)	0.01(2)	0.02(7)	0.00(1)	0.15(55)	0.18(64)	0.03(10)	0.03(12)

图 A.12　子系统故障时间/年（天）

图 A.12 同时考虑了早期故障和耗损故障。因为本书研究的卫星群相对比较"年轻"，平均服役时间为 5.57 年（地球同步轨道通信卫星平台的发射时间为 1995 年 1 月至 2008 年 10 月之间），在投入使用相当时间后，耗损故障仍有可能发生（图 A.12 中箱线会急剧增大）。

图 A.13 是每个子系统故障事件的数量与故障集中度的散点分析，前面定义为给定子系统下发生多次故障的卫星数量比发生故障的全部卫星数。5 个子系统——陀螺仪、SAD、配电器、机构、控制器——加上无法确定类别，在单个卫星上没有发生多次故障，它们是一次故障子系统。如图 A.13 所示，主要是 SAO 子系统和推进器子系统故障导致了卫星群的故障（分别发生了 42 次和 36 次），但故障集中度明显不同（分别为 0.46 和 0.20），表明推进器子系统的大部分故障是由小部分劣质卫星导致的。对比电池子系统和 TTC 子系统，集中度大致相等（分别为 0.29 和 0.33），但发生故障的倾向有明显不同。这表明，尽管两个子

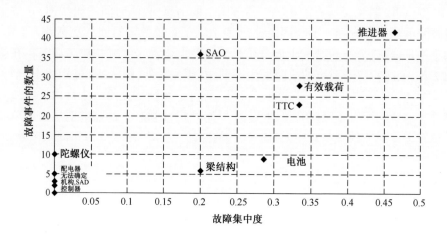

图 A.13　子系统故障事件的数量与故障集中度

系统都发生多次故障,但在本质上电池子系统比 TTC 子系统鲁棒性更强。梁结构子系统和 SAO 子系统也可以得到同样的结论。

下面图 A.14~图 A.23 为所有子系统的健康卡片。

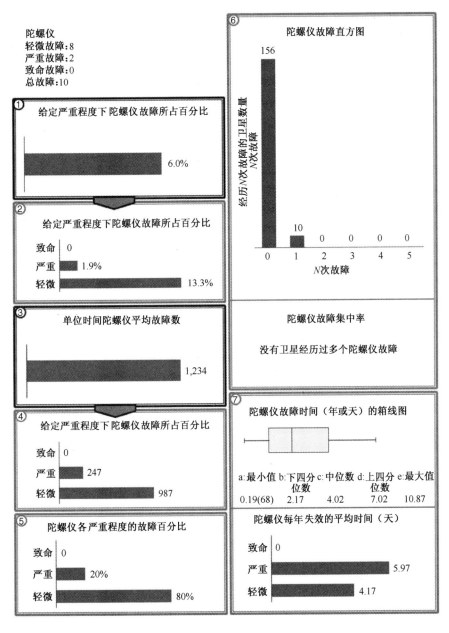

图 A.14

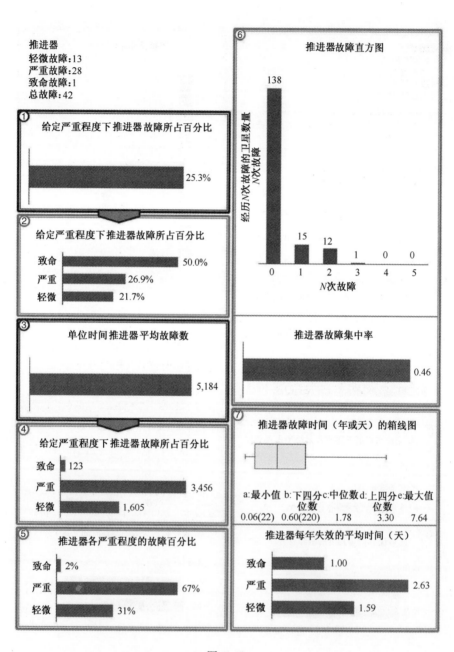

图 A.15

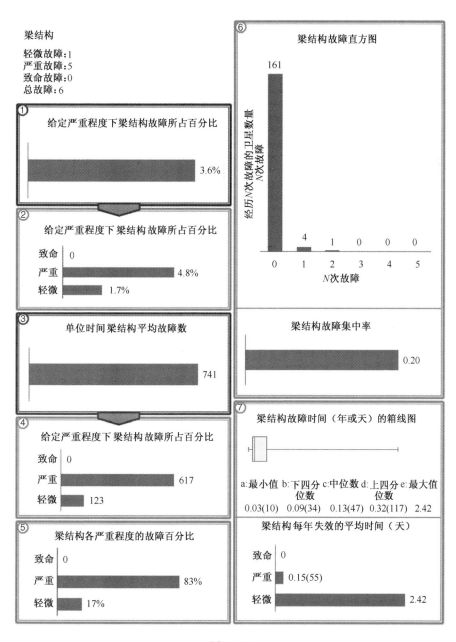

梁结构

轻微故障:1
严重故障:5
致命故障:0
总故障:6

① 给定严重程度下梁结构故障所占百分比

3.6%

② 给定严重程度下 梁结构故障所占百分比

致命　0
严重　4.8%
轻微　1.7%

③ 单位时间梁结构平均故障数

741

④ 给定严重程度下 梁结构故障所占百分比

致命　0
严重　617
轻微　123

⑤ 梁结构各严重程度的故障百分比

致命　0
严重　83%
轻微　17%

⑥ 梁结构故障直方图

161

4

1　0　0　0

经历N次故障的卫星数量
N次故障

0　1　2　3　4　5

N次故障

梁结构故障集中率

0.20

⑦ 梁结构故障时间（年或天）的箱线图

a:最小值 b:下四分 c:中位数 d:上四分 e:最大值
　　　　 位数　　　　　　位数
0.03(10)　0.09(34)　0.13(47)　0.32(117)　2.42

梁结构每年失效的平均时间（天）

致命　0
严重　0.15(55)
轻微　2.42

图 A.16

157

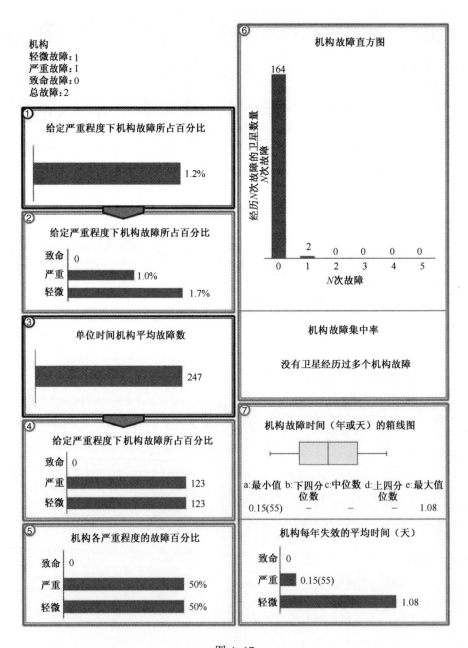

图 A.17

158

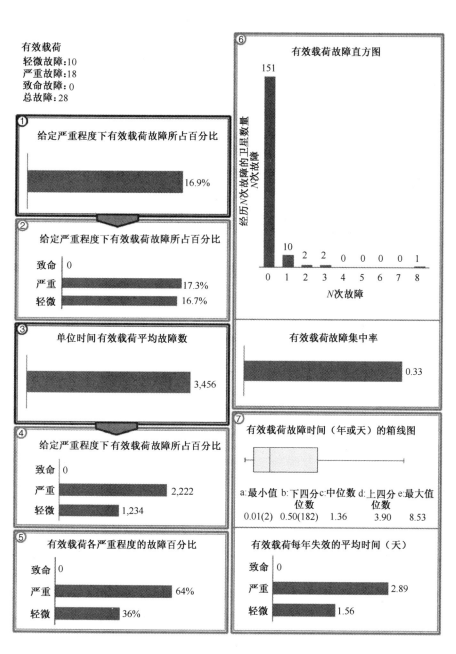

有效载荷
轻微故障:10
严重故障:18
致命故障:0
总故障:28

① 给定严重程度下有效载荷故障所占百分比

16.9%

② 给定严重程度下有效载荷故障所占百分比

致命 0
严重 17.3%
轻微 16.7%

③ 单位时间有效载荷平均故障数

3,456

④ 给定严重程度下有效载荷故障所占百分比

致命 0
严重 2,222
轻微 1,234

⑤ 有效载荷各严重程度的故障百分比

致命 0
严重 64%
轻微 36%

⑥ 有效载荷故障直方图

经历N次故障的卫星数量 / N次故障

151
10 2 2 0 0 0 0 1

0 1 2 3 4 5 6 7 8

N次故障

有效载荷故障集中率

0.33

⑦ 有效载荷故障时间（年或天）的箱线图

a:最小值 b:下四分位数 c:中位数 d:上四分位数 e:最大值

0.01(2) 0.50(182) 1.36 3.90 8.53

有效载荷每年失效的平均时间（天）

致命 0
严重 2.89
轻微 1.56

图 A.18

159

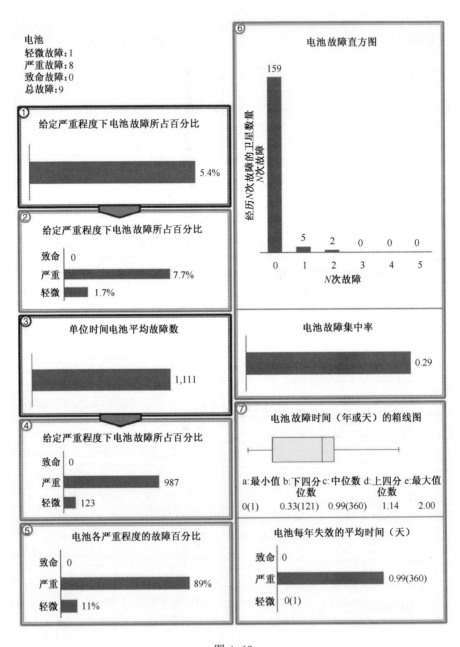

图 A.19

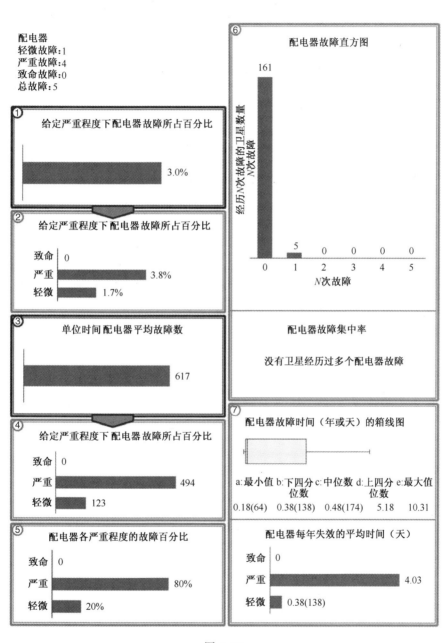

图 A. 20

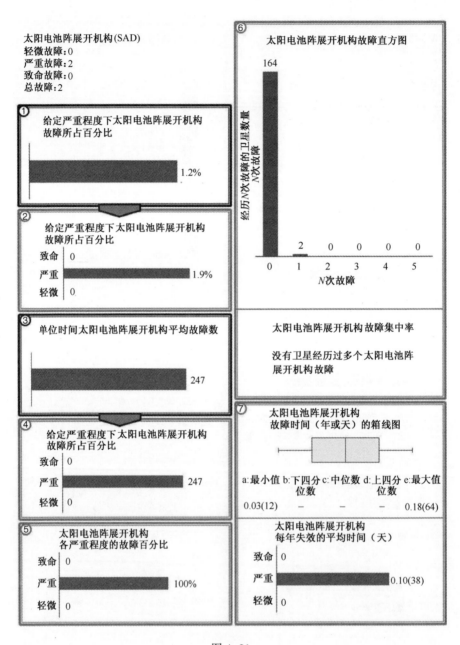

图 A.21

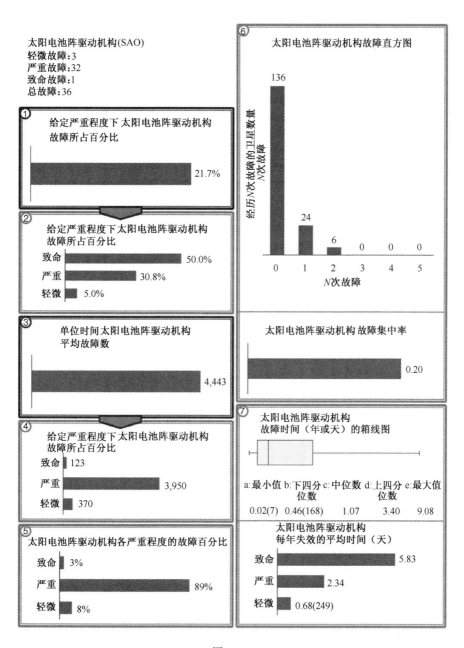

图 A.22

163

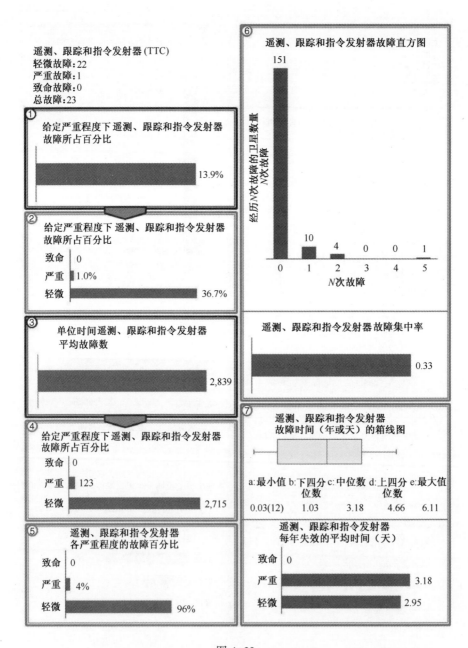

图 A. 23

附录 B 电力源子系统:LEO 和 GEO 中故障事件的对比分析[①]

B.1 引 言

根据第 6 章可知,航天器在轨运行过程中,电力源(EPS)子系统是导致航天器发生故障的主要因素之一。在本书所用的数据库中(数据库的详细内容见第 2 章),EPS 包含电池、配电器、太阳电池阵展开机构和太阳电池阵驱动机构。本附录的主要目的是分析 EPS 在 LEO(低轨道)和 GEO(同步轨道)环境中故障行为的不同点。LEO 一般是指低于 2000km 的轨道,GEO 是指近地点和远地点接近 3600km 的圆形或接近于圆形轨道。

之所以对不同轨道的 EPS 异常和故障数据进行特例分析,并分析这些子系统故障行为的潜在的差异性,是因为 EPS 在 LEO 环境和 GEO 环境下所经历的能源/载荷循环以及空间环境有着显著的差异。例如,在 LEO 的航天器会比在 GEO 中的航天器经历更多的日食情况,因此 LEO 的航天器的电池组也会经历更多的充放电过程。又如,在 GEO 环境下的航天器会比 LEO 环境下的航天器经历较多的空间辐射(从而造成 GEO 中的电池阵受到更大的应力)。在 LEO 和 GEO 的 EPS 是否因为运行条件和运行环境的不同导致故障行为的不同。本附录的内容就是围绕着这个问题进行阐述。

B.2 数据库、样本分析和故障事件等级

航天器的分析样本来源于第 2 章中介绍的 Space Trak 数据库。样本包括在 1990 年 1 月和 2008 年 10 月之间成功发射的 937 颗地球轨道卫星,其中有 493 颗地球同步轨道卫星和 444 颗地球低轨道卫星,在之前分析的 1584 个飞船中,不考虑中轨道(MEO)和高椭圆轨道(HEO)航天器。

[①] 本附录内容是本书作者和 So Young Kim 合作撰写完成。本章内容部分基于发表在 IEEE2011 年航天会议(*IEEE 2011 Aerospace Conference*)的文章(Kim 等,2011)。

此外,小型飞船($m \leqslant 500\text{kg}$)也不在分析范围内。这些飞船主要位于LEO,因为它们可能是单个字符串或有特殊设计特征(见第4章),所以它们偏向于比较分析。由于小型飞船在LEO中占据主导地位,排除它们可以更好地控制EPS技术分析的统一性。因此,EPS故障模式的不同更有可能是因为LEO和GEO操作条件和环境的不同,而不是因为设计和技术不同的综合作用,如小卫星在LEO中占据主导地位而在地球同步轨道中却很少。

EPS数据库包括以下要素(为了方便称为子系统):

(1) 电池单元(简称电池);

(2) 配电器;

(3) SAD;

(4) SAO。

故障的等级可以进行统计分析并划分范围。下面将按照故障严重性依次增加的顺序进行列举:

Ⅳ类故障:轻微的、暂时性的、可维修的故障,并且故障不能造成航天器及其子系统在轨运行期间产生明显的长期性影响。

Ⅲ类故障:比较严重的不可维修故障,会使航天器及其子系统在轨运行过程中失去冗余备份的能力。

Ⅱ类故障:严重的不可维修故障,会影响航天器及其子系统在轨长期服役。

Ⅰ类故障:会使航天器终止运行的子系统故障,即会使航天器完全故障的子系统故障模式。

下面将Ⅳ类故障和Ⅲ类故障事件归到一起进行分析,这是因为:首先这两类故障事件对于航天器系统和子系统的功能影响都很小;其次是数据库中并不包含各个子系统的冗余设计的信息。这些原因也使得如果将Ⅳ类故障和Ⅲ类故障的事件进行分开统计分析结果没有多大的意义。

B.3 简要的内容回顾

设计出高可靠性的卫星需要了解空间故障行为和机理。个别参数可以影响航天器的可靠性或者与之相关的,如质量、复杂性和轨道等。在子系统级,航天器轨道是影响EPS异常和故障的首要原因。如前所述,EPS在LEO和GEO下环境条件和操作限制是完全不同的。下面再简要回顾。

B.3.1 在LEO和GEO下的空间环境

在LEO和GEO下的空间环境不同,涉及上层大气、等离子体和辐射环境。

稀薄气体存在于 LEO 和 GEO 环境下，它可以对航天器造成大气阻力和发热现象。这种高活性元素的存在还会对航空器表面造成"化学腐蚀作用"（Waltersheid,1999）。原子氧是其中一种腐蚀元素，在 200 ~600km 海拔之间可以很容易找到，"能够与薄的有机膜，先进复合材料和金属表面反应，降低传感器的性能"（Waltersheid 1999，引用 Visentine1988）。在太阳能电池板和这种腐蚀物质的直接作用下，EPS 很可能出现异常和故障。

地球环境中的等离子体同时存在于 LEO 和 GEO 环境下，可以给航天器充电达到高的负电压（Koons,1999）。航天器充电反过来会导致静电放电（ESD）或电弧放电现象，造成表面损伤，可能引起静电干扰或破坏航天器电子设备（Koons,1999；Robinson,1989）。在 LEO 和 GEO 环境下，作为等离子体特性，这种现象会导致不同的电弧放电现象和潜在的损害。Bedingfied 等（1996）发现 LEO 下有密集的低能等离子体，GEO 下有稀缺的高能等离子体，从而造成 LEO 和 GEO 中产生不同的电弧和 ESD 现象（Ferguson 等,1999）。ESD 可严重降低航天器太阳电池阵列的性能，许多科学家对理论、模型和轨道电弧模拟表现出浓厚的兴趣（Hoebor 等,1998；Katz 等,1998；Snyder,1982；Frezet 等,1989）。

仿真结果趋向于表明电弧在 GEO 环境下比 LEO 环境下可能更具破坏性（Vayner 等,2007）。在 LEO 和 GEO 环境下对航天器的辐射效应也可能不同。van Allen belts（Schulz 和 Vampola,1999）提出了在 LEO 的航天器，一定程度上可以抵抗太阳粒子事件（SPE）和银河宇宙射线（GCR）（Gorney, 1999；Blake, 1999）。这些 SPE 和 GCR 辐射能影响航天器的太阳能电池板和电子设备，在不同的破坏影响下会导致单粒子翻转（SEU）或单粒子燃烧 SEB。

B.3.2　在 LEO 和 GEO 下的 EPS 操作限制

除了 LEO 和 GEO 环境条件的差异，EPS 在 LEO 和 GEO 环境下操作上的限制和要求也明显不同，它们也可能会导致 EPS 不同的故障行为。如前所述，航天器在 LEO 环境下，经历明显更多的日食，从而有更多的充电/放电循环。通常，航天器在 LEO 环境下每绕行一次可经历一次日食或每天经历 15 次日食，每次不超过 0.5h，而 GEO 下只遭遇"每年有两个 45 天的日食，日食持续时间不超过 72min"（McDermott,1999）。因此，在 LEO 和 GEO 环境下，航天器电池充/放电循环次数、放电深度也显著不同。在 LEO 环境下，广泛和频繁开关电源（Surampudi 等,2006），以及热循环和日食，可能对航天器产生不同的压力，特别是 EPS。

讨论的结果表明，在 LEO 和 GEO 环境下，航天器 EPS 极有可能表现出不同的异常和故障行为。下一节介绍 EPS 的可靠性结果和多态故障，即在 LEO 和

GEO 环境下对 EPS 故障行为分析,这和 B.5 节将形成对比。

B.4　EPS 可靠性和多态故障分析

前面的章节包含对 EPS 可靠性和多态故障分析(见第 5 章和 7 章),其分析的航天器包括在 1990 年 1 月至 2008 年 10 月之间成功发射的 1584 个地球同步轨道航天器。关于系统级(航天器)的可靠性分析,在第 4 章中轨道作为协变量。可靠性分析关注的是 Ⅰ 类故障,就是由于一个故障的子系统而导致整个飞船的故障。图 B.1 显示 EPS 的 4 个子系统的参数可靠性结果。

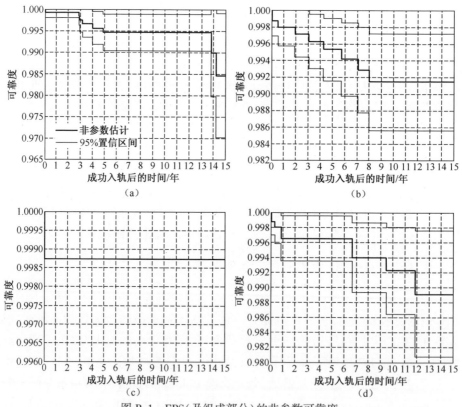

图 B.1　EPS(及组成部分)的非参数可靠度
(a)电池;(b)配电器;(c)SAD;(d)SAO。

如图 B.1 所示,成功发射并在轨运行 6 年后,配电器的可靠度下降到约99.4%(最佳估计)。此外,该子系统的可靠度下降到 99.0%~99.9% 的可能性为 95%,这样的"阅读网格"关于估计可靠性 $\hat{R}(t)$ 和置信区间适用于所有其他的子系统。注意，SAD 特定非参数可靠度(常数)，这是由于自然这个"子系统"一次性使用的特征(或者更确切地说，这是一组太阳电池阵列子系统)。在第5章可以发现，威布尔分布适合这种参数可靠性结果。

正如第7章描述的，通过多态故障分析而不是传统的两态可靠性分析，可以更好地理解航天器子系统的故障情况。多态故障分析引进了"退化状态"或部分故障状态，通过更精细的方法分析一个项目的退化行为及其完全故障的进展。对事件的故障等级在之前的 B.2 节提及，以下4个子系统的状态介绍了编号从4到1递增故障严重度或功能退化：

(1) 状态4：正常运行。

(2) 状态3：Ⅳ类故障到Ⅲ类部分故障(轻微的异常/退化)。

(3) 状态2：Ⅱ类部分故障(严重的异常/退化)。

(4) 状态1：Ⅰ类完全故障。

每个子系统的故障状态图显示在 B.2 中。

电池、配电器和SAO子系统的多态故障分析取得了如下的成果(见图 B.3~图 B.8)。

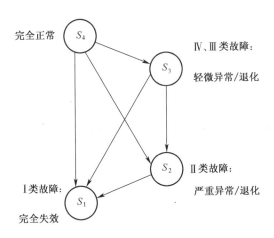

图 B.2　航天器子系统多态转换图

图 B.3(a)、图 B.5(a)和图 B.7(a)显示，对于一个给定的子系统，可靠度曲线如完全正常运行的状态4。可靠度曲线或可靠度函数代表着子系统的可靠性，显示不在故障状态1。这两曲线之间的区别解释了局部故障，也使多态故障分析成为可能。如图 B.7 所示，虽然 SAO 在轨运行 15 年，其可靠度约为 99%。这两条曲线之间的间隙能够被该子系统在任一部分退化状态下的概率填充，如图 B.4(b)、图 B.6(b)和图 B.8(b)所示。图 B.8 显示 SAO 有7%的可能在轨运行 15 年后出现状态2(主要异常/降解)。

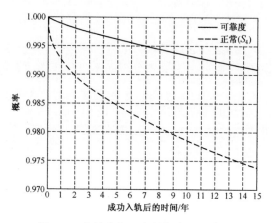

图 B.3 电池完好运行的概率和可靠度

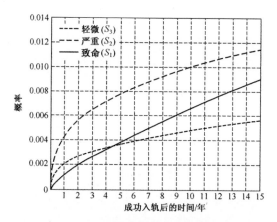

图 B.4 电池退化、状态的概率

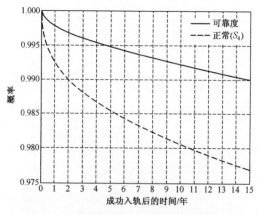

图 B.5 配电器完好运行的概率和可靠度

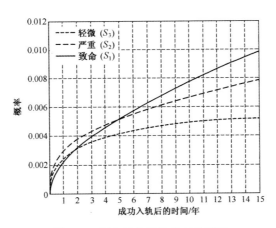

图 B.6　配电器的退化状态的概率

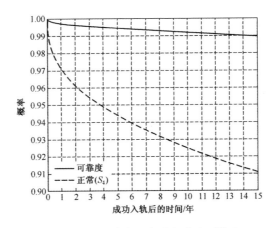

图 B.7　SAO 完好运行的概率和可靠度

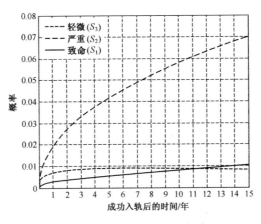

图 B.8　SAO 退化状态的概率

下一部分将通过轨道类型和航天器数量,分析 EPS 故障事件在 LEO 和 GEO 的差异。

B.5 在 LEO 和 GEO 下的 EPS 故障行为比较分析

在本节中,通过轨道(LEO 和 GEO)分析,EPS 异常和故障的日期是特定的。前面提过,在 1990 年 1 月至 2008 年 10 月之间成功发射的 937 颗地球轨道卫星,其中 493 颗在 GEO 运行,444 颗在 LEO 运行。

下面,对比和分析 EPS 故障事件在 LEO 和 GEO 的分布(程度、频率和严重程度)。表 B.1 给出样品的各种统计数据。

表 B.1 EPS 在 LEO 和 GEO 环境下的异常和故障事件

	LEO	GEO
航天器样本量大小	447	493
在轨总时长/年	2378	4015
电力源故障事件的数量	17	126
电力源故障所占比率	0.0380	0.2556
故障率/FIT[①]	816	3580
①FIT—操作中每 10^9 h 发生一次故障		

由表 B.1 可以得出结论:在 GEO 运行 EPS 的故障次数比 LEO 运行的 EPS 故障次数大得多。根据故障事件样本的比率,可以得到 LEO 条件下每个航天器故障事件比率平均为 0.0380,而在 GEO 条件下 EPS 故障事件比率平均为 0.2556。

这个结果不包括发生故障的时间维度信息。这些信息非常重要,特别是 LEO 的航天器的平均寿命约为 5.4 年,而 GEO 的航天器的平均为 8.1 年。换句话说,这里分析的航天器在 LEO 比在 GEO 的更为"年轻",这样它们在轨道上经历 EPS 故障事件的时间更少。由于设计寿命不同,所以需要对其计算平均 EPS 故障率,表 B.1 的最后一列显示:航天器的故障率在 LEO 条件下为 816FIT,在 GEO 条件下为 3580FIT,这组数据表明 GEO 环境下故障率是 LEO 的 4 倍。图 B.9 以图形化的方式显示这些结果,在 LEO 和 GEO 环境下,可以快速地对 EPS 故障倾向性进行比较评价。

从前面的数据库可知,EPS 由电池、ED、SAD 和 SAO 组成。图 B.10 表明导致 EPS 故障事件的每个子系统的百分比。

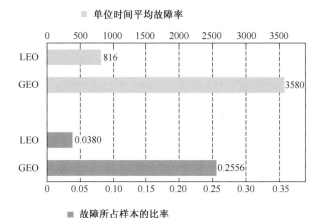

图 B.9　EPS 在 LEO 和 GEO 环境下的异常和故障事件

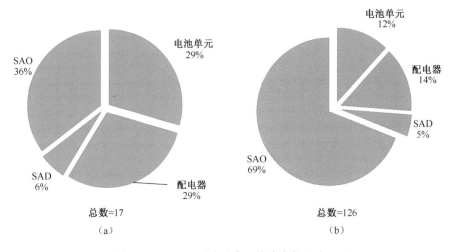

图 B.10　EPS 子系统异常和故障事件的分配图

（a）LEO 卫星；（b）GEO 卫星。

图 B.10 的重要特征如下：

（1）在 GEO 环境下，引起 EPS 故障主要是 SAO(69%)。

（2）在 LEO 环境下，引起 EPS 故障大致均匀分布，由电池、SAO 和 ED 引起。

（3）SAD 是最少导致 EPS 故障的子系统；在 LEO 和 GEO 下（分别为 6% 和 5%）。

在单个航天器研究方面，故障事件的多样性是次要研究，5 个航天器在 GEO 上超过两次异常，在 LEO 上只有一次。在 LEO 和 GEO 下，发生一次和两次 EPS

173

故障的比率是相等的,且等于2.7。

表 B.2 提供了 EPS 系统的 4 个子系统,构成 EPS 故障事件的各种统计事件。

表 B.2　EPS 的异常和故障事件

		LEO	GEO
电池	故障事件的数量	5	15
	故障所占样本的比率	0.0112	0.0304
	单位时间平均故障率/FIT	240	426
配电器	故障事件的数量	5	18
	故障所占样本的比率	0.0112	0.0365
	单位时间平均故障率/FIT	240	511
SAD	故障事件的数量	1	6
	故障所占样本的比率	0.0022	0.0122
	单位时间平均故障率/FIT	NA	NA
SAO	故障事件的数量	6	87
	故障所占样本的比率	0.0134	0.1765
	单位时间平均故障率/FIT	288	2472

图 B.11 和表 B.2 的重要结果如下:

(1)电池和配电器的故障事件在 GEO 下比在 LEO 下更广泛和更频繁,可达到 2~3 倍。

(2)SAD 故障事件,在 GEO 环境下是 LEO 环境下的 5 倍多。

(3)更重要的是,在 GEO 条件下发生的 SAO 故障事件数量级更广泛和更频繁。

考虑到在这里给定的样本数量(GEO 下的 493 颗卫星和 LEO 下的 444 颗卫星),以下的讨论将探讨这些 EPS 故障行为差异是否具有统计学意义($p<0.05$)。

两种非参数假设检验,分别是对数秩检验和 Wilcoxon 秩检验(关于这些试验的细节可以参见 Lawless(2003);Kvam 和 Vidakovic(2007))。因为对数秩检验不适用于电池子系统,Wilcoxon 测试作为备用测试。使用异常和故障记录的时候,这些测试评估两样本生存率的差异表明这种差异是否具有统计学意义,p 值从表 B.3 两个测试[①]中提供。

---

① SAD 是一次性子系统,因此这些测试不针对 SAD 开展。

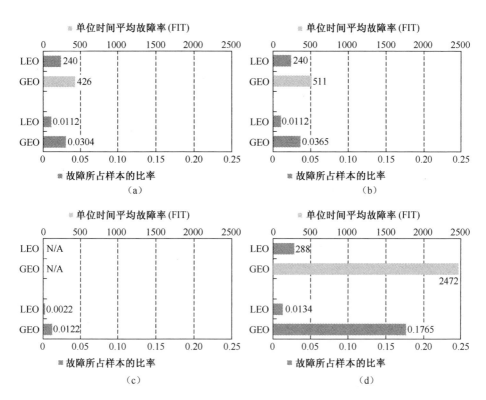

图 B.11　EPS 中各个子系统在 LEO 和 GEO 环境下的故障和异常行为
(a)电池;(b)ED;(c)SAD;(d)SAO。

如表 B.3 所列,在两次测试中,整体 EPS 的 p 值是极小的($p \ll 0.05$),这表明在 LEO 和 GEO 下的故障行为的确具有统计意义。此外,表 B.3 显示在 LEO 和 GEO 下电池和 SAO 故障行为的差异,也具有统计意义($p < 0.05$)。对于 ED 子系统的结果是不确定的。

表 B.3　EPS 在 LEO 和 GEO 环境中故障行为的统计差异性

受测试的样本	p 值	
	Log-rank 检验	Wilcoxon 检验
EPS	2.29×10^{-12}	1.02×10^{-11}
电池	NA	0.0408
ED	0.0591	0.1168
SAO	6.42×10^{-11}	4.44×10^{-12}

以往分析 EPS 故障事件不考虑这些事件的严重程度。本节调查了在 LEO 和 GEO 下,EPS 故障事件的严重程度分布。

下面介绍 B.2 节定义的轻微故障、严重故障和致命故障 3 类故障事件。

表 B.4 在 LEO 和 GEO 下,通过严重程度分类,给出了 EPS 故障事件的数量。

表 B.4　EPS 异常和故障事件的严酷程度分解

EPS	LEO	GEO
轻微故障	3	27
严重故障	4	91
致命故障	10	8
总和	17	126

图 B.12 的结果也提供了一个更加简洁的形式。

如图 B.12 所示,在 LEO 下,17.65% 的 EPS 故障是轻微异常,23.53% 故障是主要异常,58.82% 故障是致命的事件。

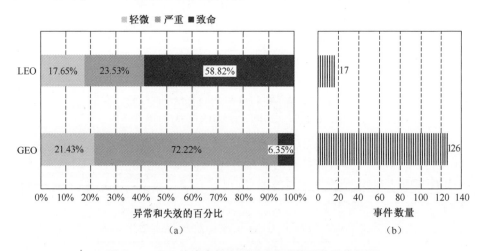

图 B.12　EPS 故障事件按照严重程度的百分比分解图

EPS 故障事件的百分比通过严重程度划分。

图 B.12 最重要的结果是 EPS 的致命事件在 LEO 下占主导地位。换言之,虽然在 LEO 下的 EPS 故障事件的频率小于 GEO 下的,但当它发生时,却极有可能是一场灾难。相似的,主要的 EPS 异常在 GEO 下占主导地位。换言之,当 EPS 故障事件在 GEO 下发生时,它发生的概率极有可能达到 72.22%。作为结果可以说,在 LEO 环境下发生 EPS 故障的频率较小,一旦发生便是致命的。

图 B.13 通过 EPS 4 个子系统的严重程度等级大小,对故障事件的百分比进行分解。

先前在宏观层面上所做的观察,即在 LEO 环境下发生 EPS 故障的频率较小,一旦发生便是致命的情况同样适用于电池、ED 和 SAO 子系统。考虑到以电池作为例子,图 B.13 表明,在 LEO 下大多数是航天器致命故障(60%),然而并没有被记录的电池故障样本。这时需要注意电池导致 EPS 故障占据很小的比例(图 B.10 所示的是 12%),这些事件是严重故障(80%)。类似的观察可以应用到 ED 上,除了一些致命事件的记录(16.7%),还伴随着许多轻微的异常(33.3%),而这不是在两个计数电池的情况下。SAD 的日期设置非常小,而且比较失败事件的严重程度没有意义。

从本书前面的章节已经研究得出,SAO 为 EPS 故障事件的主要原因,以及在 LEO 和 GEO 下具有明显不同的故障行为。图 B.13 增加了 SAO 的这些特

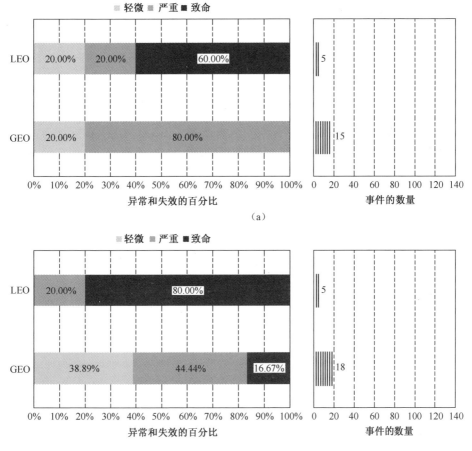

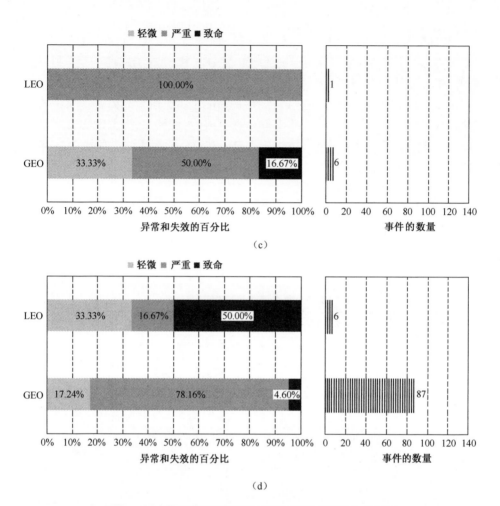

图 B.13 EPS 的各个子系统按照严重程度的百分比分解图
(a)电池;(b)ED;(c)SAD;(d)SAO。

征,事实上在 LEO 和 GEO 下,故障事件的严重等级也是有区别的。尽管在 LEO 下发生概率很小(4.6%),但是在 GEO 下,大多数是致命的。然而,需要注意的是尽管在 GEO 下,SAO 事件很少是致命的,但是大多数却构成重大异常(78.2%)。

B.6 结 论

本附录首先回顾了可靠性分析和航天器 EPS 多态故障分析结果及其构成元素,然后指出 EPS 在 LEO 和 GEO 下异常和故障日期,最后对故障行为进行比较分析。结果表明,从精算的角度看,EPS 在 LEO 和 GEO 下有着显著的不同,特别在故障事件的程度和严重性方面,在 LEO 下,故障事件发生比在 GEO 下多1 个数量级,而且它们更频繁地发生,这主要是由 SAO 所导致。在 B.3 节表明在 LEO 和 GEO 环境下空间环境是不同的。另外,EPS 致命故障主要发生在LEO 下,尽管 EPS 故障发生的频率远小于在 GEO 下的,但是只要这种故障发生,这对航天器来说将是灾难性的。这个可能与在 LEO 和 GEO 环境下操作限制和电力循环的不同有关。

本附录的研究总结如下:EPS 在 LEO 下故障发生的概率小于在 GEO 下故障发生的概率,但是故障的发生对航天器来说都是致命的。

最后指出,在数据库中可以获得的故障事件是不完整的,而且还不能分析特定的 EPS 故障机制和它们的分配情况。例如,电池故障描述为"充电机制"或"单元损失",SAO 故障是由于"串联断路"或"短路"。总之,在 LEO 和 GEO 下,尽管物理故障还是故障机理不同,影响 EPS 的故障行为都是未来值得深入研究的一个重要领域。

参 考 文 献

Ajmone Marsan, M. (1989) Stochastic Petri nets: an elementary introduction, in Advances in Petri Nets, Springer, Berlin, pp. 1-29.

Ansell, J. I. and Phillips, M. J. (1994) Practical Methods for Reliability Data Analysis, Clarendon Press, Oxford.

ANSI/AIAA Guide for Estimating and Budgeting Weight and Power Contingencies for Spacecraft Systems, G-020-1992.

Apostol, T. M. (1969) Calculus, Volume II, 2nd edn, John Wiley & Sons, Inc., New York.

ARINC Research Corporation (1962) Final Report, Satellite Reliability Spectrum. Report No. 173-5-280, January 30.

Atkinson, D. B., Blatt, P.,Mahood, L., and Voyls, D. W. (1969) Design of fighter aircraft for combat survivability. Society of Automotive Engineers, National Aeronautic and Space Engineering and Manufacturing Meeting, Los Angeles, Paper 690706.

Baker, J. C. and Baker, G. A. (1980) Impact of the space environment on spacecraft lifetime. Journal of Spacecraft and Rockets, 17 (5), 479-480.

Ball, R. E. and Atkinson, D. B. (1995) A history of the survivability design of military aircraft. AIAA/ASME/ASCE/AHS/ASC, 36th Structures, Structural Dynamics and Material Conference, New Orleans, Paper AIAA-1995-1421.

Barth, J. L. (2005) Prevention of spacecraft anomalies - the role of space climate and space weather models, in Effects of Space Weather on Technology Infrastructure (ed. I. A. Daglis), Kluwer Academic, Dordrecht, pp. 125-128.

Bean, E. E. and Bloomquist, C. E. (1968) Reliability data from in-flight spacecraft. 15th Annual Symposium on Reliability, Boston, MA, January 16-18, pp. 271-279.

Bearden, D. A. (2003) A complexity-based risk assessment of low-cost planetary missions: when is a mission too fast and too cheap? Acta Astronautica, 52, 371-379.

Bedingfield, K. L., Leach, R. D., and Alexander, M. B. (1996) Spacecraft System Failures and Anomalies Attributed to the Natural Space Environment. NASA Reference Publication 1390.

Blake, J. B. (1999) Galactic cosmic rays, in Space Mission Analysis and Design, 3rd edn (eds J. R. Wertz and W. J. Larson), Microcosm Press, Hawthorne, CA, and Springer, New York, pp. 218-221.

Brandhorst, H. W. and Rodiek, J. A. (2008) Space solar array reliability: a study and recommendations. Acta Astronautica, 63 (11-12), 1233-1238.

Brown, O. and Eremenko, P. (2006a) Fractionated space architectures: a vision for responsive space. Proceed-

180

ings of the 4th Responsive Space Conference, Los Angeles, April 24-27, 2006, Paper RS4-2006-1002.

Brown, O. and Eremenko, P. (2006b) The value proposition for fractionated space architectures. Proceedings of the AIAA Space 2006 Conference, San Jose, CA, September 19-21, 2006, Paper AIAA-2006-7506.

Caralli, R. A. (2006) Sustaining Operational Resiliency: A Process Improvement Approach to Security Management. Carnegie-Mellon University Software Engineering Institute Technical Note CMU/SEI-2006-TN-009.

Cassandras, C. G. and Lafortune, S. (2007) Introduction to Discrete Event Systems, 2nd edn, Springer, New York.

Castet, J.-F. and Saleh, J. H. (2009a) Satellite reliability: statistical data analysis and modeling. Journal of Spacecraft and Rockets, 46 (5), 1065-1076.

Castet, J.-F. and Saleh, J. H. (2009b) Satellite and satellite subsystems reliability: statistical data analysis and modeling. Reliability Engineering and System Safety, 94 (11), 1718-1728.

Castet, J.-F. and Saleh, J. H. (2009c) Geosynchronous communication satellite reliability: statistical data analysis and modeling. 27th IET and AIAA International Communications Satellite Systems Conference, June 1-4, Edinburgh.

Castet, J.-F. and Saleh, J. H. (2010a) Single versus mixture Weibull distributions for nonparametric satellite reliability. Reliability Engineering and System Safety, 95 (3), 1065-1076.

Castet, J.-F. and Saleh, J. H. (2010b) Beyond reliability, multi-state failure analysis of satellite subsystems: a statistical approach. Reliability Engineering and System Safety, 95 (4), 311-322.

Castet, J.-F. and Saleh, J. H. (2011) On the concepts of survivability, with application to spacecraft and space-based networks: characterization, stochastic modeling, and analysis. Reliability Engineering and System Safety, 99, 123-138.

Cho, M. (2005) Failure mechanisms and protection methods of spacecraft power system. Proceedings of 2005 International Symposium on Electrical Insulating Materials, Kitakyushu, June 5-9.

Coleridge, S. T. (1983) Biographia Literaria, in The Collected Works of Samuel Taylor Coleridge (eds J. Engell and W. J. Bate), Princeton University Press, Princeton, NJ.

Coppola, A. (1984) Reliability engineering of electronic equipment: a historical perspective. IEEE Transactions on Reliability, R-33 (1), 29-35.

Dempster, A. P., Laird, N. M., and Rubin, D. B. (1977) Maximum likelihood from incomplete data via the EM algorithm. Journal of the Royal Statistical Society, Series B, 39 (1), 1-38.

Denson, W. (1998) The history of reliability prediction. IEEE Transactions on Reliability, 47 (3-SP), 321-328.

DoD Regulation 5000.2-R (1999) Mandatory Procedures for Major Defense Acquisition Programs (MDAPs) and Major Automated Information System (MAIS) Acquisition Programs, May 11.

Dubos, G. F., Castet, J.-F., and Saleh, J. H. (2010) Statistical reliability analysis of satellites by mass category: does spacecraft size matter? Acta Astronautica, 67 (5-6), 584-595.

Dubos, G. F. andSaleh, J. H. (2011) Comparative cost and utility analysis of monolith and fractionated spacecraft using failure and replacement Markov models. Acta Astronautica, 68 (1-2), 172-184.

Duncan, A. J. (1974) Quality Control and Industrial Statistics, 4th edn, Richard D. Irwin, Homewood, IL.

Ellison, B., Fisher, D. A., Linger, R. C., Lipson, H. F.,Longstaff, T., and Mead, N. R.(1999) Survivable Network Systems:An Emerging Discipline. Carnegie-Mellon Software Engineering Institute Technical Report CMU/SEI-97-TR-013, May (1997 revised version).

Ferguson, D. C., Snyder, D. B.,Vayner, B. V. and Galofaro, J. T. (1999) Array arcing in orbit - from LEO to GEO. 37th Aerospace Sciences Meeting and Exhibit, Reno, NV, January 11-14, Paper AIAA-1999-0218.

Fleeter, R. (1999) Design of low-cost spacecraft, in Space Mission Analysis and Design, 3rd edn (eds J. R. Wertz and W. J. Larson), Microcosm Press, Hawthorne, CA and Springer, New York, pp. 853-863.

Fortescue, P. W., Stark, J., and Swinerd, G. (2003) Spacecraft Systems Engineering, 3rd edn, John Wiley & Sons, Inc., Hoboken, NJ, p. 589.

Freeman, H. A. (1936) Statistical methods for quality control. Mechanical Engineering, p. 261.

Frezet, M., Granger, J. P., Daly, E. J. and Hamelin, J. (1989) Assessment of electrostatic charging of satellites in the geostationary environment. ESA Journal, 13 (2), 89-116.

Gindorf, T. E., Miles, R. F. Jr., and Murphy, G. B. (1994) Space-hardware design for long life with high reliability. Proceedings of the Annual Reliability and Maintainability Symposium, Anaheim, CA, January 24-27, pp. 338-341.

Gorney, D. J. (1999) Solar particle events, in Space Mission Analysis and Design, 3rd edn (eds J. R. Wertz and W. J. Larson), Microcosm Press, Hawthorne, CA and Springer, New York, pp. 217-218.

Haas, P. (2002) Stochastic Petri Nets:Modelling, Stability, Simulation, Springer, New York.

Haga, R. A. and Saleh, J. H. (2011) Epidemiology of satellite anomalies and failures:a subsystem-centric approach. IEEE Aerospace Conference, Big Sky, MT, March 5-12.

Hecht, H. (1999) Reliability for mission planning, in Space Mission Analysis and Design, 3rd edn (eds J. R. Wertz and W. J. Larson), Microcosm Press, Hawthorne, CA and Springer, New York, pp. 777-778.

Hecht, M. andFiorentino, E. (1987) Reliability assessment of spacecraft electronics. Annual Reliability and Maintainability Symposium, Philadelphia, PA, January 27-29, pp. 341-346.

Hecht, H. and Hecht, M. (1985) Reliability Prediction for Spacecraft. Rome Air Development Center Technical Report, RADC-TR-85-229.

Hiriart, T., Castet, J.-F., Lafleur, J. M., and Saleh, J. H. (2009) Comparative reliability of GEO, LEO, and MEO satellites. Proceedings of the 60th International Astronautical Congress, Daejeon, October 12-16.

Hiriart, T. J. M. and Saleh, J. H. (2010) Observation on the evolution of satellite launch volume and cyclicality in the space industry. Space Policy, 26 (1), 53-60.

Hoeber, C. F., Roberston, E. A., Katz, I., Davis, V. A., and Snyder, D. B. (1998) Solar array augmented electrostatic discharge in GEO. 17th AIAA International Communications Satellite Systems Conference and Exhibit, Yokohama, February 23-27, Paper AIAA-1998- 1401.

IEEEStd 1012-2004 (2004) IEEE Standard for Software Verification and Validation. IEEE, Piscataway, NJ.

182

Jiang, X., Wang, Z., Sun, H., Chen, X., Zhao, T., Yu, G., and Zhou, C. (2009) Reliability analysis and utilization of PEMs in space application. Acta Astronautica, 65, 1500–1505.

Kalbfleisch, J. D. and Prentice, R. L. (1980) The Statistical Analysis of Failure Data, John Wiley & Sons, Inc., New York.

Kang, H., Butler, C., Yang, Q., and Chen, J. (1998) A new survivability measure for military communication networks. IEEE Military Communications Conference, Boston, MA, October 18–21, Vol. 1, pp. 71–75.

Kaplan, E. L. and Meier, P. (1958) Nonparametric estimation from incomplete observations. Journal of American Statistical Estimation, 53 (282), 457–481.

Katz, I., Davis, V. A., and Snyder, D. B. (1998) Mechanisms for spacecraft charging initiated destruction of solar arrays in GEO. 36th AIAA Aerospace Sciences Meeting and Exhibit, Reno, NV, January 12–15, Paper AIAA–1998–1002.

Kim, S., Castet J.-F., and Saleh, J. H. (2011) Satellite electrical power subsystem: statistical analysis of on-orbit anomalies and failures. 2011 IEEE Aerospace Conference. Big Sky, MT, March 5–12.

Knight, J. C., Strunk, E. A., and Sullivan, K. J. (2003) Towards a rigorous definition of information system survivability. Proceedings of DARPA Information Survivability Conference and Exposition, Washington, DC, April 22–24, Vol. 1, pp. 78–89.

Koons, H. C. (1999) Plasmas, the magnetic field, and spacecraft charging, in Space Mission Analysis and Design, 3rd edn (eds J. R. Wertz and W. J. Larson), Microcosm Press, Hawthorne, CA and Springer, New York, pp. 212–214.

Krasich, M. (1995) Reliability Prediction Using Flight Experience: Weibull Adjusted Probability of Survival Method. NASA TR 20060041898.

Kvam, P. and Vidakovic, B. (2007) Nonparametric Statistics with Applications to Science and Engineering, Wiley-Interscience. New York.

Lafleur, J. M. and Saleh, J. H. (2009) System-level feasibility assessment of microwave power beaming of small satellites. Journal of Propulsion and Power, 25 (4), 976–983.

Landis, G. A., Bailey, S. G., and Tischler, R. (2006) Causes of power-related satellite failures. IEEE 4th World Conference on Photovoltaic Energy Conversion, Waikoloa, HI, May 8–12.

Lawless, J. F. (2003) Statistical Models and Methods for Lifetime Data, 2nd edn, John Wiley & Sons, Inc., New York.

Leventhal, A., Bloomquist, C. E., and Joseph, J. A. (1969) Spacecraft failure rates – where are we? IEEE Proceedings of the Annual Symposium on Reliability, 2 (1), 444–452.

Lisnianski, A. and Levitin, G. (2003) Multi-State System Reliability: Assessment, Optimization and Applications, World Scientific, Singapore.

Maier, P., Smith, M. R., Keyssar, A., and Kevles, D. J. (2003) Inventing America: A History of the United States, W. W. Norton, New York.

McDermott, J. K. (1999) Power, in Space Mission Analysis and Design, 3rdedn (eds J. R. Wertz and W. J.

Larson), Microcosm Press, Hawthorne, CA and Springer, New York, p. 420.

McLachlan, G. J. and Krishnan, T. (2008) The EM Algorithm and Extensions, 2nd edn, WileyInterscience, New York.

Meeker, W. O. and Escobar, L. A. (1998) Statistical Methods for Reliability Data, John Wiley & Sons, Inc., New York.

MIL-HDBK-217 (1965-1995) Military Handbook, Reliability Prediction of Electronic Equipment.

MIL-HDBK-336-1 (1982) Military Handbook, Survivability, Aircraft, Nonnuclear, General Criteria, Vol. 1. October 25.

MIL-HDBK-2069 (1997) Military Handbook, Aircraft Survivability, April 10.

MIL-STD-2069 (1981) Military Standard Requirements for Aircraft Nonnuclear Survivability Program, August 24.

Norris, H. P. and Timmins, A. R. (1976) Failure rate analysis of Goddard Space Flight Center spacecraft performance during orbital life. Annual Reliability and Maintainability Symposium, Las Vegas, NV, January 20-22, pp. 120-125.

Panel on Small Spacecraft Technology, National Research Council (1994) Technology for Small Spacecraft, National Academy Press, Washington, DC.

Peterson, J. L. (1977) Petri nets. Computing Surveys, 9 (3), 223-252.

Peterson, J. L. (1981) Petri Net Theory and the Modeling of Systems, Prentice Hall, Englewood Cliffs, NJ.

Rausand, M. and Høyland, A. (2004) System Reliability Theory: Models, Statistical Methods, and Applications, 2nd edn, Wiley-Interscience, New York, pp. 465-524.

Raymond Knight, C. (1991) Four decades of reliability progress. Proceedings of the IEEE Annual Reliability and Maintainability Symposium, Orlando, FL, January 29-31, pp. 156-160.

Robertson, B. and Stoneking, E. (2003) Satellite GN&C anomaly trends. AAS Guidance and Control Conference, Breckenridge, CO, February 5-9.

Robinson, P. A. (1989) Spacecraft Environmental Anomalies Handbook, GL-TR-89-0222, Air Force Geophysics Laboratory, Hanscom Air Force Base, MA.

Rodiek, J. A., Brandhorst, H. W., and O'Neill, M. J. (2008) Stretched lens solar array: the best choice for harsh orbits. 6th International Energy Conversion Engineering Conference, Cleveland, OH, July 28-30, Paper AIAA-2008-5755.

Saleh, J. H., Lamassoure, E., Hastings, D. E., and Newman, D. J. (2003) Flexibility and the value of on-orbit servicing: a new customer-centric perspective. Journal of Spacecraft and Rockets, 40 (1), 279-291.

Saleh, J. H., and Marais, K. (2006) Highlights from the early (and pre-) history of reliability engineering. Reliability Engineering and System Safety, 91 (2), 249-256.

Sarsfield, L. P. (1998) The Cosmos on a Shoestring - Small Spacecraft for Space and Earth Science, RAND, Santa Monica, CA, MR-864-OSTP.

Schulz, M. and Vampola, A. L. (1999) Trapped radiation, in Space Mission Analysis and Design, 3rd edn (eds

184

J. R. Wertz and W. J. Larson), Microcosm Press, Hawthorne, CA and Springer, New York, pp. 214-216.

Snyder, D. (1982) Environmentally induced discharges in a solar array. IEEE Transactions on Nuclear Science, 29, 1607-1609. SpaceTrak, Ascend Worldwide [online database], http://www.ascendworldwide.com/whatwe-do/ascend-data/space-data/space-trak.html (retrieved May 26, 2010).

Sperber, R. (1990) Analysis of the public record of spacecraft anomalies. 13th AIAA International Communication Satellite Systems Conference and Exhibit (ICSSC), Los Angeles, March 11-15, pp. 42-51.

Sperber, R. (1994) Better with age and experience - observed satellite in-orbit anomaly rates. 15th AIAA International Communication Satellite Systems Conference and Exhibit (ICSSC), San Diego, CA, February 28-March 3, pp. 1162-1167.

Sperber, R. (2002) Hazardous subsystems. SatMax 2002: Satellite Performance Workshop, Arlington, VA.

Surampudi, R., Bugga, R., Smart, M. C., and Narayanan, S. R. (2006) Overview of Energy Storage Technologies for Space Applications, Jet Propulsion Laboratory, Pasadena, CA.

Tafazoli, M. (2009) A study of on-orbit spacecraft failures. Acta Astronautica, 64 (2-3), 195-205.

Titterington, D. M., Smith, A. F. M., and Makov, U. E. (1985) Statistical Analysis of Finite Mixture Distributions, John Wiley & Sons, Inc., New York.

Timmins, A. R. (1974) A Study of the First-Month Space Malfunctions, NASA Technical Report TN-D-7750.

Timmins, A. R. (1975) A Study of the Total Space Life Performance of GSFC Spacecraft, NASA Technical Report TN-D-8017.

Timmins, A. R. and Heuser, R. E. (1971) A Study of First-Day Space Malfunctions, NASA Technical Report TN-D-6474.

Vayner, B. V., Ferguson, D. C., and Galofaro, J. T. (2007) Comparative analysis of arcing in LEO and GEO simulated environments. 45th AIAA Aerospace Sciences Meeting and Exhibit, Reno, NV, January 8-11, Paper AIAA-2007-0093.

Visentine, J. T. (ed.) (1988) Atomic Oxygen Effects Measurements for Shuttle Mission STS-8 and 41-G, NASA TM-100459.

Volovoi, V. (2004) Modeling of system reliability Petri nets with aging tokens. Reliability Engineering and System Safety, 84 (2), 149-161.

Volovoi, V. (2006) Stochastic Petri nets modeling SPN@. Reliability and Maintainability Symposium (RAMS), Newport Beach, CA, January 26-29, Paper 2006RM-166.

Walker, B., Holling, C. S., Carpenter, S. R., and Kinzig, A. (2004) Resilience, adaptability and transformability in social-ecological systems. Ecology and Society, 9 (2), 5 [online: http://www.ecologyandsociety.org/vol9/iss2/art5/].

Walterscheid, R. L. (1999) The upper atmosphere, in Space Mission Analysis and Design, 3rd edn (eds J. R. Wertz and W. J. Larson), Microcosm Press, Hawthorne, CA and Springer, New York, pp. 207-212.

Wertz, J. R. and Larson, W. J. (eds) (1999) Space Mission Analysis and Design, 3rd edn, Microcosm Press, Hawthorne, CA and Springer, New York.

Westmark, V. R. (2004) A definition for information system survivability. Proceedings of the 37th Annual Hawaii International Conference on System Sciences, Big Island, HI, January 5-8.

Williamson, M. (2006) Spacecraft Technology: The Early Years, Institute of Electrical Engineers, Stevenage, p. 306.

Xie, L., Smith, P., Banfield, M., Leopold, H., Sterbenz, J. P. G., and Hutchison, D. (2005) Towards resilient networks using programmable networking technologies. Seventh Annual International Working Conference on Active and Programmable Networks (IWAN 2005), Sophia Antipolis, November.